미용인을 위한 고객 서비스

이숙연 원윤경 지음

청구문화사

머리말

과학기술이 발달하고 경제가 성장함에 따라 오늘날 우리가 살아가는 이 세상은 산업화, 도시화, 정보화, 국제화를 특징으로 하는 시대에 이르렀다. 과학 발전에 힘입어 첨단 의료기술이 도입되고 의료 환경이 개선됨에 따라 수명이 늘어나 급속히 노령화 사회에 접어들었으며, 교통과 통신수단의 발전에 힘입어 지역 간, 국가 간의 교역과 이동이 쉬워진 지구촌 경제 시대를 맞이했다. 또한 정보화 사회의 도래로 정보 획득과 공유 기회가 늘어나 소비자 권력 시대라 불릴 정도로 소비자의 영향력이 증대되었으며, 선진국 후진국을 가릴 것 없이 세계 각국의 경제에서 서비스가 차지하는 비중도 증가하는 추세를 보여 주고 있다.

우리나라의 서비스 부문 총생산량이 GNP에서 차지하는 비중은 경제개발이 본격적으로 추진되기 시작한 1962년에 47%였으며, 1974년에 50%를 넘어 서비스 경제 시대에 진입하였다. 1999년에는 63%로 늘어나 선진국 대열에 들어서게 되었고, 20세기에 들어서 금융, 정보, 통신, 물류, 운송, 유통 등 서비스 산업 분야가 국가 산업발전의 주축을 이루면서 경제 발전에 큰 몫을 차지하게 된 것이다.

전형적인 서비스 산업에 속하는 미용도 눈부신 발전을 거듭하고 있다. 헤어, 피부, 메이크업, 네일 미용의 각 분야로 세분화하여 각각의 국가자격증을 취득할 수 있게 되었고, 산업체의 규모도 소규모의 미용실에서부터 해외 지사를 거느리는 거대한 기업의 형태로까지 발전하였다. 이러한 시점에서 미용 현장이 지식과 기술뿐만 아니라 서비스 능력이 있는 미용인을 선호하고 요구하는 것은 당연한 일일 것이다. 미용 서비스의 대상이 물질이 아닌 고객, 즉 사람임을 고려하면 예의 바른 행동의 중요성은 더욱 크다고 할 수 있다. 특히 매년 국가자격증을 취득한 미용인이 수백 명씩 배출되고, 미용 대학의 역사가 30년을 넘어가는 현 상황에서 대학들이 서비스론 강의를 정식 교과목으로 채택하고, 업계도 서비스 교육에 관심을 쏟게 된 것은 미용 서비스의 중요성이 점점 더 커지고 있음을 반영하는 것이다.

본 저자들도 대학에서 서비스 및 직업윤리 등을 강의하다 보니 미용인의 관점에서 서비스를 체계적으로 다루는 서적의 필요성을 절감하게 되어 본서를 기획하게 되었다. 최선을 다하였으나 정리를 끝내고 보니 아직도 미흡하고 부족한 점이 적지 않으리라 생각하며 본서의 내용에 대한 고언과 질책을 겸허히 받아들이고자 한다.

이 책이 출판되기까지 여러 가지로 도움을 주신 청구문화사 사장님과 편집부 여러분께 깊은 감사를 전한다.

2022년 2월

저자 일동

목차

CHAPTER 01

서비스와 미용

1. 서비스 사회
2. 서비스의 어원과 정의 · 중요성
3. 서비스의 특성
4. 서비스의 분류
5. 미용서비스의 이행

1
서비스 사회

1) 서비스와 서비스 사회

현대 사회를 규정하는 말들이 많이 있지만, 경제적 측면에서 현대 사회는 서비스 사회라 할 수 있고, '서비스가 좋다' '서비스를 더 달라'는 식으로 서비스란 말을 흔히 말하거나 듣는 시대가 되어버렸다. 그렇다면 서비스는 무엇이고 서비스 사회란 어떤 것인가?

한여름에 운동으로 땀을 뺀 사람이 시원한 음료를 마시기 위해 취한 행동을 예로 들어, 상점에서 음료를 사서 집 냉장고에 넣은 후 차갑게 해서 마시는 경우와 자판기에서 시원한 음료를 뽑아 먹는 경우, 냉방이 잘된 카페(café)에 앉아 가져다주는 시원한 음료를 마시는 경우를 비교하면 서비스가 무엇인지 분명하게 드러난다.

집에 가서 마신 경우는 제품만 샀지, 서비스를 전혀 이용하지 않은 것이고, 자판기 이용자는 서비스 이용 대가를 추가로 지불한 대신 즉석에서 시원한 음료를 마실 수 있었으며, 카페 이용자는 시원하고 안락한 곳에서 차가운 음료를 마시고 그만큼의 추가 이용료를 지불한 것이다. 만일 카페 주인이 덤으로 음료를 한 잔 더 주었다면 무료 서비스를 제공받은 것이다. 이상의 세 가지 경우에서 알 수 있듯이, 서비스란 더 편하거나 더 바라는 것을 얻기 위해 이용하는 편익이다.

위에서 예로 든 음료 구매행위가 제품과 서비스의 결합 유형이라면, 요즘 자주 사용하는 법률 서비스나 정보 서비스는 서비스가 본질적인 부분을 차지하는 서비스 기반의 유형이라 할 수 있다. 엄밀히 말해, 임대 주택도 소유가 아니라 이용 개념을 띤 서비스의 일종이고, 현대인에게 필수적인 휴대폰, 인터넷도 이용 대가를 지불하는 통신 서비스이다. 선진국들에서는 서비스 업종에 지불하는 비용이 제조업종의 2배 이상이고 국내에서도 1.5배를 넘어 서비스 사회가 되었다.

2) 서비스의 의의와 가치

경제 성장과 기술 발전을 이룬 현대 한국 사회는 생활방식과 문화, 경제활동 면에서 선진 사회의 양상을 띠기 시작했다. 다양하고 복잡한 구조를 가진 선진 사회의 구성원들은 소비 활동 면에서도 물리적 측면보다 편익을 중시하는 경향이 있다. 상품 판매에 서비스가 부가되면 될수록 상품 자체의 가치가 상승할 정도로 서비스의 효용가치가 높은 시대를 맞이한 것이다.

기업들은 사회적, 경제적 여건의 변화 속에서 서비스가 기업의 생존에 필수적인 존재임을 확인하고 서비스 부문에 관심과 투자를 집중시키게 된다. 고객의 소비성향 분석에 바탕을 둔 서비스 개념을 확립하고, 서비스의 가치를 충분히 활용하여 구체적인 서비스 마케팅 전략을 수립하는, 그래서 변화하는 시장에 적절하게 대응하는 기업만이 경쟁에서 승리할 것이다.

또한 국제화 시대의 도래로 서비스의 중요성은 더욱 커지고 있다. 통신, 운송 분야의 발전 덕분에 세계 각국이 국가 경계를 넘어 경제적, 문화적 교류를 확대하고 있으며, 국경 없는 무한 경쟁 시대를 맞이하여 자국의 이익을 최대한 확보하기 위한 전략을 세우고 있다. 점점 더 비중이 커지는 서비스 부문의 국가 간 협조와 경쟁도 심화하여 국가 간의 서비스 편차도 줄어들게 되었다.

3) 경제 환경의 변화와 서비스

지난 세대에 과학의 발전이 일구어낸 놀라운 기술들이 실생활에 적용됨으로써 우리는 전에 상상조차 하지 못했던 삶의 편이를 맛보고 있다. 시공의 제약을 어느 정도 벗어난 현대 사회에서 능동적인 삶을 영위하기 위해서는 이러한 변화에 신속히 적응하여 새로운 기술의 장점을 제대로 이해하고 활용할 수 있어야 한다.

대량생산 체제를 구축한 사회에서 그것도 속도를 빨리하는 사회에서 구성원들이 받는 변화의 영향은 엄청나다. 자동화, 기계화, 전산화의 여파로 '고용 없는 성장'이란 신조어가 생겨날 정도로 예상치 못한 환경 변화에 노출된 상황에서 사회 구성원들의 활동 영역은 점차 부정적인 영향을 덜 받는, 말하자면 사람이 주체가 되는 부문으로 옮겨갈 수밖에 없다. 이미 현대 사회의 경제 핵심 기반은 서비스 부문을 주축으로 조성되었으며, 서비스 품질이 개인이나 기업이 부와 성공을 얻는 데 필요한 가장 중요한 요인이 되었다.

4) 서비스 시장의 전망

(1) 서비스 시장의 거대화

물리적 성장의 한계점에 다다른 선진국들에서는 이미 소비패턴이 생활 중심에서 사회 문화 활동 중심으로 이동하였으며, 소비 수준의 향상과 더불어 비중이 커진 서비스 산업이 새로운 성장 동력으로 자리매김하였다. 현대인들의 자아를 실현하고자 하는 욕구를 충족시킬 수 있고, 여가수요 증가에 부응할 수 있는 새로운 산업 형태인 서비스 산업이 관심의 대상으로 주목받게 된 것이다. 이를테면 자동차 구매 및 수리 서비스, 호텔 등의 숙박 서비스, 외식, 쇼핑, 보험, 의료, 교양, 미용 등 다양한 분야에 관련된 서비스 산업이 그것이다.

소비자들의 욕구와 공급업체들의 경영전략이 맞아떨어져 서비스 부문의 수요 증대 현상이 나타났고, 국가적으로도 부가가치와 고용 창출 효과가 큰 서비스 산업의 육성은 피할 수 없는 대세가 되었으며, 이미 전 세계가 거대한 서비스 시장으로 탈바꿈하고 있다.

(2) 서비스 시장의 잠재력 확대

세계 각국의 경제구조가 서비스 산업을 중심으로 하는 체제로 바뀜에 따라 서비스 시장은 무한한 잠재력과 발전 가능성을 가지게 되었다. 기존의 서비스 시장이 가졌던 한계를 뛰어넘어 우리가 예상할 수 없었던 부문으로까지 시장이 확장되고, 무한대로 서비스의 세분화가 진행되고 있다. 결국 우리의 삶에 있어서 서비스는 거래행위뿐만 아니라 삶의 필수조건이 될 것이고, 경제적인 관점에서 서비스의 가치는 확고해질 것이다.

(3) 서비스 시장의 전문화

사회 전체의 부가 증가하고 고도의 지식이 축적됨에 따라 서비스 수요가 유형재 수요보다 높아지리라는 점은 분명하다. 따라서 효과적인 서비스 공급을 위해서는 보다 전문화된 서비스 영역을 개발할 필요성이 부각될 것이고, 이러한 서비스 개발 과정에 참여하여 고도의 기술 서비스 창조에 이바지할 고학력 전문가들이 서비스 시장을 주도할 것이다.

(4) 부가가치 서비스의 시장 확대

부가가치란 본래의 가치에 덧붙여진 가치를 말하나, 여러 가지 이유로 본연의 가치가 지니는 장점이나 특성이 희석되는 경우 부가가치의 존재 여부와 내용이 가치 매김에 영향을 미치게 된다. 서비스 부문에서 부가가치가 중요해지는 이유는 양적 생활 수준 향상이 이루어진 상태에서 사람들이 질적 생활 수준 향상을 추구하기 때문이다. 생활 수준 향상에 비례해 욕구도 점차 변하는 양상은 자연스러운 대중 현상이자 유행이라 할 수 있다. 소수의 사람만이 누리던 것을 이제 소득이나 경제 여건과 관계없이 누구나 누릴 수 있게 됨에 따라 수요가 늘어나고 이에 부응하여 공급도 늘어난다. 부가가치 서비스에 대한 대중의 욕구 증가를 인식한 기업들도 부가가치 서비스를 중요시하는 전략을 취하게 된다.

(5) 서비스 시장에 대한 경영전략의 변화

서비스 부문이 기업의 성패를 좌우하는 시대에 들어섬에 따라 기업들도 새로운 전략을 짜게 된다. 과거에는 서비스를 유형재 판매의 보조 수단으로 여겼는데, 이제는 서비스 자체가 하나의 상품으로 인식되기 시작했기 때문이다. 앞으로는 서비스를 유형재를 판매할 때 덧붙이는 부가가치상품으로 보든, 서비스 자체를 하나의 상품으로 보든, 서비스가 매우 중요한 경제활동 수단을 인식한 기업들이 서비스를 전략 차원에서 적극적으로 개발하여 활용하게 될 것이다.

2
서비스의 어원과 정의, 중요성

1) 서비스의 어원

서비스(Service)라는 말의 직접적인 어원은 '노예 상태'를 의미하는 라틴어 '세르비티움(Servitium)'에 있다. 세르비티움을 라틴어 직계 언어인 현대 이탈리아어로 바꾸면 세르비찌오(Servizio)가 되고 이를 영어로 번역하면 서비스(Service)가 된다. 원래 고대 로마의 노예가 법적으로는 움직이는 물건, 경제적으로는 주인이 필요로 하는 편익 수단이자 잘 관리하면 교환가치가 높은 상품이었기 때문에 노예 상태에는 희생이나 봉사라는 개념이 아니라 필요라는 비인성적인 개념이 배여 있었다.

훗날 기독교의 영향으로 희생, 봉사 개념이 덧씌워짐에 따라 '필요로 하다', '도움이 되다'라는 원래의 의미보다 '시중을 들다', '봉사하다'라는 뜻을 더 강하게 담게 되었다. 따라서 서비스는 '노예가 주인에게 몸 바쳐 봉사하는 상태'라는 불평등 관계를 가리키는 말로 시작해 점차 상대를 위해 정성과 노력을 기울여 봉사한다는 의미로 변하였으며, 오늘날에 이르러서는 무형의 가치로 모든 산업영역에서 중심축의 역할을 감당하는 서비스 산업을 지칭하는 의미로 확대되었다.

■ **서비스란?**

- 서로 감사하는 것이다.
- 상대방에 대한 배려이다.
- 조금 더 마음을 쓰는 것이다.
- 무형의 활동이다.
- 일회성이라 대량생산이 불가능하다.
- 소비자가 공급자의 입장을 알지 못한다.
- 소비자의 요구가 저마다 다르다.
- 지침대로 행하는 서비스는 평범한 서비스이다.

2) 서비스의 정의

현재 사회에서는 서비스라는 용어가 다양한 뜻으로 사용되고 있는데, 공짜라는 의미로서의 서비스, 제품과 서비스가 혼합된 의미로서의 서비스, 그리고 순수한 상품 그 자체로서의 서비스 등이 그것이다.

서비스는 봉사, 접대, 이바지, 시중 등을 어우르는 행위를 가리키며, 타인을 위한 재화의 생산, 소비, 운반 등에 제공되는 노동, 판매 목적의 접대와 편의 제공, 가격 할인이나 사은품 부가, 판매된 상품의 애프터서비스 등을 포함한다. 결국 서비스는 봉사라는 본질적 의미와 더불어 타인의 편의를 위해 애쓰고 수고하는 행위, 곧 접대, 편익, 용역, 무료 등을 가리키는 용어로 정의할 수 있다. 과거에는 서비스 관계가 상하 신분 관계에 의한 종적인 관계로 이루어졌지만, 오늘날에는 일대일 관계나 상호 의존적인 횡적 관계로 변하였다.

한편 1960년대 이후 미국을 필두로 선진국의 산업구조가 점차 서비스 산업 중심으로 바뀌어 서비스 산업의 중요성이 날로 커짐에 따라 경제재로서의 서비스에 대한 정의를 내려야 할 필요 또한 커졌으며, 재화와 구별되는 서비스 고유의 특성을 기준으로 여러 가지 서비스 정의가 등장하였다.

(1) 서비스에 대한 일상적 정의

우리가 일상생활에서 서비스란 용어로 표현하는 내용을 자세히 살펴보면 매우 제한적으로 쓰이는 용어임을 알 수 있다. '커피는 서비스로 드려요'라는 말에서 서비스는 어떤 제품을 구매할 때 무상으로 함께 제공되는 것을 의미한다. '구매 후 서비스'라는 말은 판매한 제품을 수리하는 일을 무료로 해 준다는 의미이며 '종업원의 서비스가 좋다'는 말에서 서비스는 고객을 대하는 자세와 태도를 뜻한다. 이러한 의미에서 서비스는 대가를 지불하지 않아도 주어지는 부수적인 것, 중요한 가치가 없는 것을 내포하는 용어로 사용되는 경향이 있다. 그러나 현대 사회에서 서비스가 차지하는 비중을 생각하면 이는 매우 한정된 의미일 뿐이다.

(2) 서비스의 경제학적 정의

경제학에서는 서비스를 용역으로 이해해 유형제인 제품과 구분되는 것으로 간주한다. 아담 스미스와 같은 고전경제학자는 서비스 노동을 비생산적인 노동으로 간주했는데 그 이유는 물리적이지 않은 것은 보존하기 쉽지 않아 부가 아니라고 생각했기 때문이다. 한편 세이는 효용 개념을 사용해 소비자에게 효용을 주는 모든 활동은 생산적이라는 논리로 서비스를 비물질적 부라고 정의했다. 이후 수많은 학자들의 논의도 이러한 범주를 크게 벗어나지 않아 결국 경제학에서 말하는 서비스는 비생산적 노동, 비물질적 재화로 정리할 수 있다.

그러나 공급 과잉과 생활방식의 변화, 고객의 다양한 요구로 인해 서비스가 단지 부차적 요소가 아닌 필수 불가결한 요건이 된 현대 사회의 상황을 생각할 때 경제학의 전통적인 관점은 서비스의 진정한 가치를 설명하지 못하고 있음을 알 수 있다. 서비스에 대한 인식이 근본적으로 변해버린 시대에 우리는 살고 있다.

(3) 서비스의 경영학적 의미

경영학 및 마케팅 분야에서는 1960년대 초반부터 서비스에 대한 연구가 제품과 서비스의 비교를 중심으로 이루어졌다. 그러다가 1970년대에 들어 서비스의 특성 및 현상에 대해 관심이 집중되기 시작했고, 1980년대와 90년대에는 서비스에 대한 이론적인 체계와 전략적 이슈가 학문의 대상이 되기에 이르렀다. 서비스에 대한 연구의 흐름을 이해하기 쉽게 하기 위해 관점에 따라 달라지는 서비스의 정의를 다음과 같이 정리하였다.

① 활동론적 정의

미국 마케팅 협회(American Marketing Association)에서 정의한 바에 따르면, '서비스란 판매를 위해 제공되거나 상품 판매와 관련성이 있어 제공되는 제반 활동과 편익, 만족 등을 포함하는 개념'이며, 그 예로 오락 서비스, 호텔 서비스, 전력 서비스, 수송 서비스, 미용 서비스, 신용 서비스를 들 수 있다. 블로이스는

'현재의 형태에 물리적 변화를 가하지 않으면서 편익과 만족을 끌어내는 판매 행위'라 정의했다.

② 속성론적 정의

라스멜은 '서비스란 시장에서 판매되는 무형의 제품'이라 정의하고 손으로 만질 수 있느냐를 무형과 유형을 구분하는 기준으로 삼았다. 라스멜을 필두로 '서비스란 상대방에게 제공할 수 있는 행위 또는 만족을 가리키며, 본질적으로 형태가 없고, 소유권 이전이 불가능하며, 유형재와 결부될 수도 있는 것'이라 정의한 코틀러, '서비스란 이동과 정보의 창조, 전달이라는 기능으로 형성되는 무형의 가치 또는 그 용역을 총칭하는 것'이라고 정의한 노무라를 비롯해 많은 마케팅 연구자들이 서비스를 무형재로 정의하고 있다. 한편 서비스는 무형재가 아니며 무형재로 판매되지도 않는다는 주장이 제기되었는데, 이에 따르면, 무형성은 서비스의 한 가지 속성일 뿐 서비스 자체의 본질이 아니다. 리건은 재화가 먼저 생산되고 후에 소비되는 반면, 서비스는 먼저 판매되고 후에 생산과 동시에 소비된다고 동시성을 강조했다.

③ 봉사론적 정의

패턴은 서비스를 '단순히 고객에게 제품을 판매하거나 고객의 주문을 받는 행위가 아니라 고객을 위해 봉사하는 것'이라고 정의했고, 레빗은 주종관계에서와 같이 '인간의 인간에 대한 봉사'라고 보는 것이 기존의 통설이라고 전제하면서 현대의 서비스는 이러한 전통적 발상에서 벗어나 인간이 제공하는 서비스를 인간으로부터 분리해야 한다고 주장한 바 있다. 인간의 노동을 기계로 대체하는 서비스의 공업화를 통해 효율성을 달성시켜야 한다는 것이 논지의 핵심이었다. 이 관점에서는 서비스가 고객을 위해 봉사하는 것이므로 고객에게 짜증을 낸다든지, 관심을 보이지 않는 것은 진정한 의미의 서비스가 아니다. 서비스는 고객의 욕구를 충족시켜주고, 고객을 기쁘게 하는 행위이다. 따라서 서비스 업체가 수행하는 서비스 행위는 부수적인 활동이 아니라 주요 사업이다. 서비스 기업이 성공하기 위해서는 서비스 제공자의 정성과 능력, 기술과 지식이 상당히 중요하다.

④ 상호관계론적 정의

서비스를 '무형적 성격을 띤 일련의 활동으로서 서비스 종사자와 고객의 상호관계에 근거해 서비스 종사자가 고객의 문제를 해결해 주는 것'이라고 보는 입장이다. 대부분의 경우에 서비스는 서비스 제공자와 고객의 상호 작용을 포함한다. 표면적으로 고객이 서비스 제공자와 상호작용을 하지 않는 것처럼 보인다 할지라도 실제로는 상호 작용이 이루어지는 경우가 많다. 예를 들어 자동차에 문제가 발생해 정비소에 맡겨 수리하는 경우 고객이 그 자리에 있지 않아도 수리는 이루어지지만, 정비소에 차를 맡기고 되찾아 오는 과정에서 상호 작용이 발생하게 되어 있다.

물론 이러한 정의들이 논자에 따라, 그리고 연구목적이나 관점에 따라 차이를 보이고 있지만, 서비스가 이용 가능한 자원들이 실현되는 과정, 곧 경제 주체에게 유용한 노동을 제공하는 행위 개념이고, 결국 영업 효과의 극대화를 위해 헌신하고 봉사하는 자세라는 점에는 이견이 없다. 서비스를 한 가지 개념으로 정리하기란 어렵다.

따라서 여러 학자들이 주장한 서비스의 정의를 종합하고 공통점을 추출해 정리하면, '서비스 제공자 입장에서는 부가가치의 본질이, 그리고 소비자 입장에서는 구매하는 상품의 본질이 무형적인 동시에 서비스 창출 및 제공 과정과 고객의 서비스 인지에서 인적 요인이 강하게 작용하는 것이 바로 서비스 활동'이라는 정의가 가능하다.

3) 서비스의 중요성

대량생산 기술의 발달과 꾸준한 품질 개선으로 이제 상품을 품질의 차이로 구분하기 힘들어졌고 상표와 종류도 다양해졌기 때문에 상품의 가치 자체만으로는 무한경쟁시대에서 살아남기 힘들게 되었다. 상품 자체의 가치는 기본이고 이제는 상품의 가치를 전달하는 사람들의 태도(판매자), 물리적인 서비스 환경(실내 장식), 포장, 신속도, 정확성, 품질보증, 후속지원, 이미지와 호감 등 형태가 없는 서비스적인 요소들의 중요성이 점점 더 부각되고 있다. 이러한 경향은 상품 생산을 담당하는 제조업 부문에서조차 제품의 가격에 포함된 생산부서 종사자들의 인건비보다 지원부서 종사자들의 인건비 비중이 더 높게 나타난다는 점에서도 잘 드러나는데, 제조업 부문에서도 지원부서 및 간접업무의 비중이 점점 더 커지는 현실을 반영하는 것이다.

소득 수준이 높아지면 서비스 산업의 비중도 증가한다. 미국에서는 이미 1970년대 초에 이미 노동력의 2/3 이상을 서비스 산업이 흡수하였으며, 1990년대 말에 이르러서는 그 비중이 80%를 상회하게 되었다. 캐나다, 프랑스, 영국, 호주 등 선진 10개국도 이미 GDP의 70% 이상을 서비스 부문에서 창출하고 있다. 물론 국내 서비스 산업의 비중 확대는 선진국들에 비해 저조한 편이지만, 지난 20년 동안 국내 서비스 산업도 팽창을 거듭하여 상당한 수준에 도달하였고, 국가 경제에서 서비스업이 차지하는 비중이 날로 커지는 반면에 제조업의 비중은 점차 떨어지는 현상이 분명하게 나타나고 있다. 생산기술과 경영 능력이 향상됨에 따라 같은 양의 제품을 생산하는 데 필요로 하는 노동력이 전보다 줄어들기 때문에 제조업의 입지가 약해지는 현상은 필연적으로 나타나는 것이고 서비스 산업의 상대적인 중요성은 앞으로도 점점 더 커질 것이다.

3
서비스의 특성

1) 서비스의 기본 특성

제품과 비교해 볼 때 서비스는 무형성, 동시성, 이질성, 소멸성이라는 네 가지 기본적 특성을 지니고 있다. 각각의 특성과 그에 따른 문제점 및 대응방안을 살펴보도록 하자.

(1) 무형성(intangibility)

서비스의 기본적 특성은 형태가 없다는 점이다. 보이는 형태로 제시할 수 없으며 물체처럼 실체를 만지거나 볼 수 없다. 형태가 없기 때문에 그 서비스가 어떤 것인지를 상상하기 어렵고 객관적으로 그 가치를 파악하거나 평가하기 어렵다. 측정하기 어려우므로 고객의 주관성이 평가 기준에 영향을 미치게 되고 따라서 서비스 제공자의 평판이 중요한 요소로 작용하게 된다. 형태가 있는 상품은 그 자체가 욕구를 충족시켜주는 것임에 반하여, 서비스는 서비스의 주체인 인간의 활동이 욕구를 충족시켜준다는 점에서 상품과 특성을 달리한다.

이러한 서비스의 무형성 때문에 발생하는 문제점을 들자면, 첫째, 품질을 확인하거나 검사하기 어렵다는 점, 둘째, 진열하기 곤란하며 고객에게 알리기도 쉽지 않다는 점, 셋째, 형태가 없기 때문에 사용권과 이용권은 있지만 소유권을 획득하기란 쉽지 않다는 점, 넷째, 쉽게 모방할 수 있다는 점이다. 법률 서비스, 의료 서비스 등이 이런 특성을 잘 반영한다.

무형성 때문에 발생하는 문제점을 해결하기 위해서는 해당 서비스와 관련이 있는 시설이나 제품, 정보 등을 활용하여 고객의 머릿속에 서비스에 대한 이미지를 심어주어야 한다. 고객의 신뢰를 얻기 위해 서비스 제공자는 몇 가지 방안을 선택할 수 있다.

첫째, 서비스의 구체성과 유형성 증대를 위해 노력한다. 둘째, 단순히 그 특징을 묘사하기보다는 서비스 혜택을 강조한다. 셋째, 신뢰를 증대시키기 위해 자신의 서비스에 대해 상표명을 개발해 사용한다. 넷째, 서비스에 대한 신뢰도를 높이기 위해 저명인사를 이용한다.

제품에 비해서 서비스가 무형적 성격이 강하다는 것은 사실이다. 하지만 주목해야 할 점은 완전히 유형적인 제품이나 완전히 무형적인 서비스만 존재하는 게 아니라는 것이다. 현실적으로 서비스와 제품의 결합 정도에 따라 다양한 상품이 존재하고 유형, 무형으로 철저하게 가르기 힘든 경우도 있으므로 제품과 서비스는 연속선상에 있다고 볼 수 있다.

(2) 동시성(simultaneity) = 비분리성(inseparability)

생산과 소비에 시간차가 있어 일단 생산이 완료된 다음 판매 단계를 거쳐 나중에 소비되는 제품과 달리, 서비스 상품은 생산과 전달, 소비가 동시에 이루어진다. 앞에서 말한 무형성과 생산, 전달, 소비의 동시성 때문에 서비스 상품은 보관이나 저장이 불가능하고 시간과 공간의 제약을 받는다. 사실 생산과 소비가 동시에 이루어진다는 말은 소비자, 곧 고객이 반드시 생산 현장에 있어야 하고 서비스 생산과정에 직접 참여하는 경우도 있다는 걸 의미한다. 고객이 직접 참여하거나 서비스 대상이 되기 때문에 계획적이고 집중적인 대량생산 체계를 구축하기 어렵다.

생산과 소비의 동시성, 비분리성 때문에 사람이든 기계든 간에 서비스 제공자는 필수적으로 고객과 접촉해야 하므로 서비스 품질뿐만 아니라 서비스 제공 인력에 대한 인사관리와 교육 및 훈련이 중요한 의미를 갖는다. 기업들이 서비스 인력을 충원하는 일에 신중을 기하고 교육을 철저히 하는 이유가 바로 여기에 있다. 물론 고객이 만족할 만한 서비스 제공을 위해서는 인력 이외에도 서비스 장비, 시설 등의 여건을 충족시켜야 하지만, 고객의 목전에서 이루어진다는 점에서, 그리고 서비스의 품질 자체가 서비스 제공자에 따라 달라질 수 있다는 점에서 가장 중요한 요소는 서비스 제공 인력임이 분명하다.

(3) 이질성(heterogeneity) = 가변성 = 다양성

서비스의 생산과 공급과정에 서비스 제공자와 고객이란 인적 요소가 개입할 수밖에 없기 때문에 가변적 요소가 많이 작용하고, 따라서 동질성을 유지하기 어렵다. 서비스의 품질과 효력은 서비스 시간과 공간, 서비스 제공자의 상태에 따라 달라지고(이질성), 또한 소비자의 반응도 일률적이지 않다(다양성). 같은 서비스 업체에서도 서비스 제공자에 따라 제공되는 서비스의 내용이나 품질이 달라질 수 있으며, 심지어 기계를 사용하여 서비스를 제공하는 경우에도 품질이 달라지는 경우가 있다.

물론 서비스 공급업체에서는 고객의 욕구를 충족시키기 위해 교육과 훈련을 통한 서비스 품질의 표준화를 추구하지만, 서비스 생산과 전달 과정에 소비자가 직접 참여하기 때문에 소비자의 요구 수준에 따라 품질 수준이 달라질 수도 있고 공급자의 서비스 수행이 일관성을 유지한다는 보장도 없다. 즉 서비스는 이질적이고 가변적이어서 규격화, 표준화되기 어렵다.

서비스의 이질성은 고객의 이질성으로도 야기된다. 고객의 이질성은 고객의 경제적 요인, 문화적 요인, 사회적 요인 때문에 발생하는데, 이 경우에 같은 수준의 고객들을 집단화하여 이질성에 대응할 수 있다. 서비스의 이질성이 고객의 이질성으로 인해 발생하는 경우와 이질성에 대응하는 경우에는 서비스 이용자의 욕구와 취향이 저마다 다르기 때문에 획일적으로 적용될 수도 없고, 획일적으로 반응하지도 않는다. 예를 들어 미용샵에서 같은 제품으로 같은 시술을 했어도 고객마다 느끼는 만족도는 천차만별로 나타난다. ATM을 사용할 때 화면의 지시사항을 제대로 이해하지 못한 고객이 경험하는 서비스의 질은 다른 고객과 다를 것이다. 그리고 외국어 학원의 경우에 수강생들의 수준이 천차만별이라면 강의의 효과가 떨어질 것이다. 따라서 같은 수준의 학생들로 반을 편성하여 좀 더 효율적인 어학 강좌를 실시하는 방식으로 이질성에 대응할 수 있다.

서비스의 이질성은 문제와 기회를 동시에 제공한다. 서비스 품질을 일정 수준 이상으로 유지하고 표준화시키기 어렵다는 점이 문제의 핵심이다. 고객의 범위를 설정하여 가변성, 다양성을 최소화하거나 운영 시스템을 설계해 서비스 제공자의 자의적 행위를 제한하면 문제를 부분적으로나마 해결할 수 있다. 한편 서비스의 이질성은 고객의 개성에 맞추는 개별화의 기회, 즉 고객으로부터 개별적인 주문을 받아 서비스를 제공하는 또 다른 기회를 제공한다.

(4) 소멸성(perishability) = 저장 불능성

주어진 시간에 정해진 공간 안에서 생산되고 소비되는 서비스의 동시성, 비분리성 때문에 서비스 상품의 반복 사용이나 저장이 불가능하다는 점을 앞에서 언급했는데, 이 점과 관련해서 정해진 시간과 공간을 벗어나면 사라져버리는 서비스 상품의 일회적 특성을 소멸성이라 한다. 다시 말해, 판매되지 않은 제품은 재고로 보관할 수 있으나 판매되지 않은 서비스는 소멸성 때문에 사라져버리고, 따라서 저장이나 보관이 불가능하다. 반면에 서비스 상품의 경우에도 수요의 저장은 어느 정도 가능하다. 서비스 상품의 효력이 큰 경우 나타나는 고객 대기가 바로 수요 저장이다.

서비스의 소멸성은 수요가 안정적이지 못할 때 과잉 생산에 따른 손실과 과소 생산으로 인한 이익 실현 기회의 상실이라는 문제를 야기한다. 이를 해결하기 위해서는 수요 예측을 통해 생산, 공급량을 조정하고 임시직원을 활용해 일시적인 공급부족에 대처하고 시설이나 장비의 활용도를 높이고 직원들의 직무능력을 키우는 교육 훈련을 실시해 유사시에 대비해야 한다. 수요 측면에서는 수요를 확인하고 효율적으로 관리할 수 있는 방법을 찾아야 한다. 고객 대기나 예약제도 등으로 수요를 확보할 수 있다.

◆ **표 1-1. 서비스의 기본 특성**

	서비스의 기본 특성
무형성	· 형태가 없다. · 객관적 가치 파악과 평가가 어렵다. · 고객의 주관성이 작용한다. · 서비스 제공자의 평판이 중요하다.

동시성, 비분리성	· 생산과 전달, 소비가 동시에 이루어진다. · 보관 및 저장이 불가능하다. · 시간과 공간의 제약을 받는다. · 계획적이고 집중적인 대량생산 체계 구축이 어렵다.
이질성,가변성, 다양성	· 가변적 요소가 많아 동질성 유지가 어렵다. · 시·공간, 서비스인에 따라 서비스가 달라진다(이질성). · 소비자의 반응도 다양하다(다양성).
소멸성, 저장 불능성	· 시·공간이 달라지면 사라지는 일회적 특성이 있다. · 서비스는 사라져버리고, 저장이나 보관이 불가능하다.

2) 서비스의 추가 특성

(1) 고도의 고객 접촉과 고객 참여

서비스는 고객에게 직접 판매되므로 고객 접촉의 빈도가 높다. 물리적 접촉이 필요하거나 의사소통이 필요한 경우 고객이 서비스 창출과 제공 과정에 참여하고 공동 생산자가 된다. 병원에서 환자가 증상을 설명하거나 슈퍼에서 고객이 직접 카트를 끄는 경우가 이에 해당한다. 고객이 서비스 시설과 주위 환경을 통해서 체험하기 때문에 실내장식이나 배치까지도 고객의 관점에서 고려해야 한다. 은행처럼 서비스 업체의 시설이 고객 가까이 분산 배치되는 이유도 고객 접촉도가 높다는 점에 있다.

◆ 표 1-2. 고객의 접촉 강도

· 지속적 물리적 접촉	· 이용 미용, 패키지여행
· 지속적 통신 접촉	· 전화상담, 홈뱅킹
· 산발적 물리적 접촉	· 컨설팅, 성형외과, 식당
· 산발적 통신 접촉	· 법률자문, 홈쇼핑
· 서비스 시작 종료 전 물리적 접촉	· 세탁소, 맞춤 양복점
· 서비스 시작 종료 전 통신 접촉	· ARS, 주식거래

◆ 표 1-3. 고객의 참여 정도와 유형

	가 입	비공식
지 속	보험, 전화	방송, 고속도로
비지속	장거리 전화	우편, 영화

(2) 기계화 자동화의 한계성

서비스는 대량생산과 계획생산이 불가능한 노동 집약형 산업이다. 치과 서비스, 미용 서비스 등 인력에 의존하는 경우가 많은데, 점차 ATM이나 지하철 개찰구처럼 자동화, 무인화 과정이 진행되는 서비스들이 개발되고 있다.

(3) 측정 곤란성, 주관성

서비스의 평가는 주로 고객에 의해 주관적으로 이루어진다. 품질 통제는 서비스 수행 과정에 대해서만 이루어지고 서비스 완료 후에는 통제가 불가능하다.

(4) 즉흥성과 순간성

한 번 발생한 서비스는 그것이 잘된 것이든 잘못된 것이든 교정이나 취소가 불가능하다. 제공자의 입장에서는 서비스가 활동이지만 고객에게는 경험이 된다.

3) 서비스 품질의 특성

서비스는 물건이 아니라 일련의 행위, 또는 과정이다. 제품의 품질을 평가하는 데에는 시간이 소요되는 데 반해, 서비스 품질의 평가는 바로 그 자리에서 즉시 이루어지는 것이 보통이다. 제품의 혁신은 소재 및 기술 적용에 비례하고 서비스 혁신은 정보 및 커뮤니케이션 기술에 민감하다.

서비스 품질은 기대감, 서비스받는 동안의 경험, 서비스받은 후 느끼는 만족감, 그리고 문제가 발생하였을 때 겪는 경험이란 네 가지 단계적 과정에 의해 결정된다. 서비스 제공자의 외모와 복장, 태도는 모든 단계에서 서비스 품질에 영향을 미친다. 고객과의 접촉이 그리 많지 않은 서비스 업체에서도 품질에 문제가 발생하면 고객 접촉 시간이 늘어나고 접촉 횟수가 많아진다. 서비스 제공 시간이 고객의 서비스 품질 평가에 미치는 영향도 크다.

◆ **표 1-4. 제품과 서비스의 차이, 서비스의 문제점과 해결방안**

	제품의 특성	서비스의 특성	서비스의 문제점	해결전략
형태	· 유형	· 무형	· 특허로 보호받을 수 없다. · 진열이 불가능하다. · 가격 설정 기준이 모호하다.	· 구체적, 실체적 단서를 최대한 이용하라. · 인적 접촉을 강화하라. · 구전의 중요성을 인식하라. · 기업이미지를 관리하라.
분리여부	· 생산과 소비 사이에 시차 존재	· 동시성 · 비분리성	· 서비스 제공 시 고객이 참여한다. · 집중화된 대규모 생산이 어렵다.	· 서비스 제공자의 선발 및 교육에 힘쓰라. · 고객을 사전, 사후 관리하라.
이질성	· 품질 관리로 동질성 유지 가능	· 이질성 · 개별적 특성	· 표준화가 어렵다.	· 다양한 각도에서 살롱의 고객층에 맞는 개별화 전략을 구축하라.
고객참여	· 한정적 간접적 참여	· 즉흥성 · 적극적 직접적 참여	· 연습이나 취소반환이 불가능하다.	· 서비스 제공자의 교육 훈련과 자질을 개발하라.
저장성	· 재고로 수요 공급 조절 및 완충	· 소멸성	· 저장이 불가능하다.	· 수요와 공급을 조절하라.

4
서비스의 분류

일반적으로 서비스는 한 가지가 아니라 여러 가지 성격의 서비스들이 결합한 상태로 제공되며, 기준에 따라 다양한 방법으로 분류할 수 있다.

1) 기본 유형에 따른 분류

(1) 봉사 서비스

서비스란 말의 원뜻인 봉사 정신에 입각하여 이익 실현의 유무를 불문하고 상대방에게 도움이 되는 방향으로 제공하는 서비스를 뜻한다. 봉사 서비스에서는 상대방에 대한 기여의 결과로 물리적인 수익이 생기든 기여 그 자체로 만족을 얻든 간에 받는 대가가 중요한 것은 아니다. 겉으로만 봉사 정신으로 포장하여 상대방을 기만할 수도 있고 반대급부가 없기 때문에 상대적으로 서비스 내용이 부실할 수도 있다는 점이 봉사 서비스의 문제점이다.

(2) 태도 서비스

접객 서비스 분야에서 매우 중요한 기능을 하는 서비스 유형이다. 표정과 말씨, 차림새와 행동거지 등등 서비스 제공자의 태도에 따라 같은 상품과 서비스에 대해 소비자가 얻는 만족도가 달라질 수 있는데, 이러한 제공자의 태도가 만족도를 결정하는 서비스를 태도 서비스라 한다.

(3) 업무 및 기능 서비스

업무 및 기능 서비스는 그 자체가 하나의 비즈니스 상품으로 그 경제적 가치 때문에 교환의 대상이 된다. 예를 들어 물건을 옮겨주는 운반 서비스는 운반이라는 업무에 대한 대가로 요금을 받는 서비스이다. 업무 및 기능 서비스는 유형의 상품과 달리 행위가 끝나면 아무것도 남지 않지만, 유형재와 동등하게 전문화된 영역을 차지하고 있다. 이동 서비스, 기술 서비스, 정보 서비스, 의료 서비스, 공공 서비스 등이 업무 및 기능 서비스에 해당한다.

(4) 희생 서비스

희생 서비스는 겉으로 보면 소비자에게 유리한 공급자의 봉사행위로 보이지만 실제로는 공급자의 이익을 전제로 어쩔 수 없이 행하는 서비스이기 때문에 희생 서비스라 한다. 예를 들어 기업이 생산성 향상이 아니라 재고정리나 인위적인 점유율 조정 등의 이유로 상품의 가격을 인하하는 경우이다.

2) 기능 및 공급 매체를 기준으로 한 분류

서비스는 소비자를 대상으로 사람이나 물건, 시스템 같은 매체를 통해 공급되는 특성을 갖고 있는데, 이러한 매체를 서비스 미디어라 한다.

(1) 인적 서비스-서비스 미디어가 사람인 경우. 미용

(2) 물적 서비스-서비스 미디어가 물품이나 기계인 경우. 기구 기능 서비스

(3) 시스템 서비스-서비스 미디어가 정보 시스템이나 연구 시스템인 경우. 정보 제공 서비스, 금융 서비스

3) 서비스의 행위 시점에 따른 분류

(1) 사전 서비스(before service)

판매 전에 제공되는 서비스로 광고나 안내, 주차 유도 등이 이에 해당한다.

① 서비스의 예약

서비스 업종에서 예약은 매우 중요한 의미가 있다. 예약 사항을 확인하면 언제

몇 명의 직원이 필요한지를 예측하여 대비할 수 있다. 예약 확보율을 높이기 위한 방안으로는, 예약을 권하는 전화, 팩스, 문자메시지, 메일, 광고, 선전, 회원제 활용, 한 번 예약을 이용한 고객의 구두 전언, 사전 예약자 할인제도 도입 등이 있다.

② 사전 서비스의 3대 업무

- **사전준비업무**(preparation) : 고객의 인지를 촉진하고 내점을 유도하기 위한 판매계획 활동이 주된 내용이다.
- **상담업무**(counselling) : 고객과 만나(접객) 원하는 것이 무엇인지 듣고(경청) 고객의 상황을 관찰하고 고객에게 조언한다.
- **제안업무**(presentation) : 고객의 적절한 선택을 위해 제시하고 협조하여 고객의 의사 결정을 촉진한다.

(2) 현장 서비스(on service)

판매 도중에 제공되는 서비스로 서비스 제공자와 고객 사이에 직접 거래가 이루어지는 서비스의 핵심 부분, 본질 부분이라 할 수 있다. 서비스는 고객과 제공자의 상호 거래로 진행된다. 변호사처럼 고객과 제공자가 각각 한 사람인 경우와 호텔처럼 제공자는 다수이나 고객이 한 사람인 경우, 강사처럼 제공자는 한 명이나 고객이 다수인 경우가 있다.

(3) 사후 서비스(after service)

판매가 완료된 후, 곧 현장 서비스가 종료된 시점 이후의 유지 서비스로 고정고객, 단골고객, 잠재고객의 확보 차원에서 매우 중요한 과정이다.

◆ 표 1-5. 사전서비스와 사후서비스의 장점과 단점

구 분	장 점	단 점
사전 서비스	· 예약에 따른 예측이 가능하다. · 고객이 원하는 바를 파악할 수 있다. · 수요 창출이 가능하다.	· 강요한다는 느낌을 준다. · 심리적 부담감을 느낀다.
사후 서비스	· 브랜드 이미지가 좋다는 평가를 받는다. · 클레임을 미연에 방지할 수 있다. · 이용 후 정보로 활용한다.	· 고객지원에 비용이 든다. · 신규 개척에 소홀할 수 있다. · 다음 비즈니스로의 연결 가능성이 불확실하다.

(4) 전체 라이프사이클 비용(total life cycle cost)

서비스는 사전 서비스, 현장 서비스, 사후 서비스로 구분되지만, 고객은 그것들을 분리해서 인식하지 않고 따로 구매하지도 않는다. 또한 서비스 제공자도 서비스 전체를 하나의 사이클로 인식한다. 전체 라이프사이클 비용은 상품 탐색 코스트(사전 서비스)와 상품 구입 코스트(현장 서비스), 유지 및 폐기 코스트(사후 서비스)를 합한 것이다.

■ **서비스 산업의 분류**

서비스 산업이란 서비스의 생산과 판매를 목적으로 하는 업종들을 아우르는 용어이다. 이 용어는 훅스가 산업을 재화 산업과 서비스 산업으로 구분한 이후 보편적으로 사용되기 시작했다. 서비스 산업은 산업을 1차 산업, 2차 산업, 3차 산업으로 분류한 클라크의 3차 산업과 대략 맞아떨어지고 용어도 거의 동의어로 사용되고 있다.

서비스 산업을 분류하는 방법은 분류 기준에 따라 아주 다양하다. 사실 서비스의 정의와 서비스에 대한 분류 기준이 다양하고 서비스와 제품의 경계 또한 분명하지 않기 때문에 서비스 산업에 대한 정의와 분류 방식이 학자들의 관점과 시기, 국가마다 자국 산업의 특성에 따라 달라지는 건 불가피한 현상이다. 한국표준산업분류(KSIC)는 서비스 제공자에 기준을 두어 국내 서비스 산업을 분류하고 있다. 한국표준산업분류(2020)에 따르면, 미용은 대분류 'S.협회 및 단체, 수리 및 기타 개인 서비스업(94~96)'에 속하며, 분류코드는 헤어가 96112 두발미용업이고, 메이크업과 피부는 96113 피부미용업, 메니큐어 페디큐어는 96119 기타미용업이다.

한편, 표준 직업 분류표(2018)에 따르면, 미용사 직업은 대분류 '4.서비스종사자', 분류코드 42220이다.

5
미용 서비스의 이해

1) 미용 서비스의 특성

미용샵에서는 고객의 머리와 얼굴, 피부를 고객이 원하는 대로 또는 고객에게 어울리는 스타일로 바꾸고 꾸며주어 최대 만족을 끌어내는 과정이 진행된다. 따라서 이 과정에는 제품뿐만 아니라 기술과 서비스가 반드시 포함되고, 미용의 심미적, 주관적 특성 때문에 서비스의 역할이 크게 작용한다. 미용 서비스는 무형성과 동시성 등 서비스의 일반적 속성뿐만 아니라 고객의 참여 및 접촉도가 높은 업종이라는 서비스의 특수성이 강하기 때문에 유형의 재화를 다루는 업종이나 접촉도가 약한 서비스 업종과 달리 서비스 관리체계에 대한 보다 큰 관심을 요구한다.

미용은 유형의 제품과 무형의 서비스가 결합한 분야이다. 예를 들어, 네일 케어는 고객이 원하는 손톱 모양과 컬러로 바꾸기 위해 유형의 제품인 네일 에나멜과 서비스 행위인 네일 기술을 결합하여 시술하는 과정과 결과를 말한다. 정의하자면, 미용 서비스는 고객이 요구하는 주관적, 심리적 효용의 만족이나 편익을 제공하는 활동이고, 서비스의 기본 특성인 무형성과 동시성을 전형적으로 드러내며, 고객과 서비스 제공자, 서비스 시스템의 상호작용이 강하게 나타나는 분야이다. 서비스 창출 과정에 고객이 반드시 참여하고 제공자나 고객의 상황에 따라 서비스 품질이 유지되지 못하는 경우도 발생한다.

미용 서비스처럼 무형의 요소가 특성인 분야에서는 소비자의 상황을 충분히 이해하고 반영해야 한다. 왜냐하면 서비스의 본질적인 속성 때문에 데이터에 의한 객관적인 평가를 하기 어렵고 소비자의 주관적 판단에 의해 평가를 받아야 하기 때문이다. 고객은 서비스에 대한 기대와 실제로 서비스를 받으면서 느낀 만족도를 비교하여 서비스 품질을 판단한다. 실제로 제공받은 서비스에 대해 고객이 느끼는 정도가 기대했던 정도에 미치지 못하면 서비스 품질이 떨어지는 것이고 고객이 불만을 느끼게 된다.

서비스 품질을 평가하는 데 사용되는 항목으로는 유형성과 신뢰감, 대응력, 공감도, 확신성을 들 수 있다.

① 유형성 : 물리적 시설과 장비, 직원, 자료처럼 눈에 보이는 것이다.

② 신뢰감 : 약속한 서비스를 정확하게 수행해 믿음을 주는 정도를 말한다.

③ 대응력 : 신속한 서비스 수행에 필요한 지식 소유 여부를 뜻한다.

④ 확신성 : 기술과 지식, 예절, 안전한 상태를 확보해 고객에게 확신을 부여하는 것이다.

⑤ 공감도 : 고객과 서비스 제공자의 접촉, 대화, 상호이해 정도를 가리킨다.

2) 미용 서비스의 경향과 예상 추이

경제 발전으로 소득 수준이 향상되고 여가 시간도 늘어남에 따라 미용 제품뿐만 아니라 미용 서비스에 대한 관심과 기대도 그만큼 더 커지고 미용 산업도 다양한 고객의 요구에 반응하는 방향으로 바뀌고 있다.

(1) 고객 서비스에 대한 인식 변화

미용 수요의 증가와 미용 산업의 발전으로 미용 분야의 장래는 매우 밝다고 할 수 있다. 미용 제품과 미용 기술의 향상이 두드러져 미용 선진국들과 어깨를 나란히 할 정도에 이르렀다. 하지만 이러한 발전의 토대가 된 미용 종사자와 미용 사업장의 현저한 증가로 인하여 미용 시장 자체가 포화상태에 이르렀으며 경쟁과열 양상이 나타나고 있다. 기존의 제품과 기술 위주의 경영으로는 경쟁에서 살아남기 어려워지는 상황 속에서 고객 서비스가 경쟁에서 우위를 차지하는데 필요한 핵심 요소로 주목받게 되었다.

(2) 서비스 품질관리의 강화 경향

기업들이 제품에만 적용하였던 품질관리 기법들을 서비스 상품에도 적용하여 효과를 얻게 됨에 따라, 미용 산업 분야도 서비스 품질관리를 주요 관심 대상으로 삼게 되었다.

(3) 서비스 만족도 측정과 불만 처리

미용 서비스는 서비스 제공자와 고객의 접촉도가 매우 높기 때문에 서비스 범위와 품질에 대한 객관적인 기준을 정하기가 더욱 어렵다. 게다가 서비스에 대한 만족도가 고객의 주관적인 판단에 의해 거의 즉석에서 드러나기 때문에 고객의 영향력을 고려한 대처방안을 찾을 수밖에 없다. 불만 처리가 제대로 이루어지지 않는 경우 경영에 심각한 부담을 줄 수 있기 때문에 불만 처리에 대한 관심도 크게 늘어나는 경향이 있다.

3) 미용 서비스의 변천사

(1) 미용기술 우선 시대(수요 > 공급)

1990년 이전 시기는 수요가 공급을 초과하여 미용샵을 열기만 하면 어느 정도 고객을 확보할 수 있던 때였다. 따라서 그 당시 미용샵의 성공 비결은 기술에 있었고 그 기술도 정형화된 체계적인 미용 기술이라기보다는 미용인의 개인적인 능력, 손재주와 관련된 기술이었다.

(2) 미용샵 영업 우선 시대(수요 < 공급)

1990년대 10년의 기간은 체계적인 미용 교육이 활성화되어 미용 종사자가 양산되고 미용샵 경영에 유리한 환경이 조성되어 공급이 수요를 초과한 시대로 소비자의 선택권이 넓어지게 되었다. 따라서 미용샵 경영자들은 독창적인 광고와 판촉, 홍보 활동을 통한 고객 확보에 주력하게 되었다.

(3) 마케팅 시대

21세기에 들어서면서 미용샵 수는 급격히 증가하여 포화상태에 이르렀다. 이제 소비자가 미용샵을 자유자재로 선택하게 되었으므로 소비자의 눈길을 끄는 마케팅 전략이 가장 중요한 미용샵 경영 수단으로 자리 잡았다. 소비자가 무엇을 원하는지 파악하고 파악한 소비자의 욕구에 부응하는 제품과 기술, 서비스를 제공해야만 성공이 가능한 시대가 되었다.

21세기는 모든 분야에서 고객 만족이 경영의 핵심이 되는 시대이다. 특히 이러한 경향은 고객과 접촉 빈도가 높은 미용 분야에서 두드러지게 나타난다. 무한 경쟁의 시장 환경 속에서 생존하기 위한 핵심 전략이 고객 만족, 고객 감동, 고객지향이고 이게 바로 21세기 미용 서비스의 본질이라 할 수 있다.

전 세계적으로 20세기는 산업의 비중이 제조업에서 서비스 업종으로 이동하는 모습을 여실히 보여주었고, 이러한 경향은 21세기에 들어 더욱 두드러지게 나타나고 있다. 고객이 원하는 서비스를 제공하지 못한 기업은 경쟁력이 떨어져 어려움을 느끼게 된다. 특히 서비스 산업의 대표적인 업종인 미용 분야 종사자들은 고객의 기대와 평가를 반영하여 서비스 품질을 향상시키는 데 매진해야 한다.

미용 산업의 초기 단계에는 소규모 형태의 기술 위주 경영이 일반적이었으나 미용 시장이 커지고 고객이 자유롭게 선택하는 상황에서는 새로운 고객 확보는 물론이고 기존의 단골고객이 이탈하지 않도록 세심한 노력을 기울여야 한다. 실제로 신규 고객 확보 비용이 기존 고객을 유지하는 비용의 다섯 배이고 매출의 2/3가 기존 고객에게서 나오며 고정 고객 유지율이 5% 증가하면 이윤이 25%에서 80%까지 증가한다. 따라서 서비스 경쟁력 강화를 통한 기존 고객의 유지, 신규 고객의 고정 고객화가 영업이익과 성공적인 경영에 필요한 요소이기에 서비스 업종인 미용 산업도 무형의 서비스를 수치화하여 적용하는 추세이다.

기업의 가치 창출은 주로 구매, 생산, 마케팅으로 이루어지는데, 경쟁력의 주요 부분은 생산성에 달려있다. 서비스 분야에서도 생산성 향상이 경쟁력의 핵심이고, 서비스 품질과 고객 만족, 고객과의 원활한 의사소통이 중요한 요소로 작용한다. 미용 종사자들은 이러한 서비스 업종의 특성을 제대로 파악하여 경영에 반영하고 활용하여야 한다.

CHAPTER 02

고객과 서비스

1. 고객의 이해
2. 고객 서비스
3. 고객 만족과 고객감동
4. 고객관리와 상담

1
고객의 이해

1) 고객의 개념

국어사전에 따르면, 고객이란 '상점에 물건을 사러 오는 손님'이란 뜻과 '단골로 오는 손님'이라는 두 가지 뜻이 있다. 고객의 고를 '돌아볼 고(顧)'자로 쓰는 걸로 보아 뜨내기 일반손님보다는 자주 물건을 사러 오는 단골손님의 뜻이 더 강하며 손님을 귀하게 여겨 다시 찾는 손님이 되게끔 해야 한다는 의미도 담고 있다. 고객에 해당하는 영어 단어로는 게스트(Guest), 커스토머(Customer), 컨슈머(Consumer)를 들 수 있다.

영어사전에 따르면, 게스트(Guest)는 주인(Host)의 상대 개념으로서의 손님, 곧 '초대받은 자', '정중하게 대접해야 하는 자'를 뜻한다. 경제 분야에서는 서비스 제공 기업들이 고급 서비스 대상 고객을 가리키는 용어로 사용하고 있으며, 서비스의 중요성이 두드러짐에 따라 일반 기업들의 게스트 용어 사용도 늘어나게 되었다.

커스토머(Customer)는 단골손님이란 뜻이 강한 용어이다. 커스톰(Custom)이 '습관 또는 습관적으로 행하는 것, 곧 관습'을 가리키는 말이므로 이 말에 사람을 가리키는 접미사를 붙인 커스토머는 습관적으로 구매하는 자, 곧 단골손님, 고정고객을 지칭한다.

컨슈머(Consumer)는 소비자를 뜻하는 말이다. 따라서 경제적으로는 최종소비자를 가리키며, 최종소비자가 아닌 재판매나 재생산 관련 구매자에게는 쓸 수 없는 용어이다. 컨슈머를 고객의 의미로 사용하는 경우 넓은 의미의 고객이 아니라 직접 소비하는 일부 고객을 가리키는 한정된 의미로 사용한 것이다.

2) 고객 심리

(1) 고객의 기본 심리

① 환영 기대 심리

고객은 자신을 환영해주기를 기대한다. 극진한 대접을 원하는 것이 아니라 밝은 미소로 반갑게 맞아주기를 바란다.

② 모방 심리

다른 고객을 따라 하려는 고객의 심리를 말한다.

③ 보상 심리

고객은 구매한 상품이나 서비스로 지불한 비용 이상의 보상을 받고자 한다. 다른 고객보다 더 나은 대우를 받고자 하는 심리도 작용한다.

④ 독점 심리

상품과 서비스를 독점하려는 고객의 심리가 작용한다. 특정 고객의 독점욕을 충족시키려다 보면 다른 고객의 불만을 살 수 있으니 주의해야 한다.

⑤ 우월 심리

고객은 자신이 상품과 서비스 제공자보다 우월하다고 여긴다. 고객의 우월 심리를 고려해 직업의식을 가지고 자신을 낮추는 자세로 대할 필요가 있다.

⑥ 자기중심적 심리

자기중심적 가치 기준에 근거하여 언제나 자기 위주로 상황을 판단하고 결정하려는 고객의 심리를 말한다.

⑦ 존중 기대 심리

고객은 상대방이 자신을 중요한 사람으로 인정하고 기억해주기를 바란다.

(2) 고객의 요구와 욕구, 수요

① 고객의 요구(needs)

배고픔 같은 고객이 채워야 할 필요가 있는 부족한 상태를 요구라 한다.

② 고객의 욕구(wants)

부족한 상태를 해소하기 위한 대상을 구체화하는 단계의 심리가 욕구이다. 배고픔을 달래기 위해 뭔가 먹고 싶다고 생각하는 것이다.

③ 고객의 수요(demands)

고객이 욕구를 채우기 위해 상품이나 서비스를 구매하려는 실행 단계의 상태를 말한다.

(3) 고객 요구의 다양한 변화

① 요구 수준의 상승

상품과 서비스의 양적, 질적 향상 덕분에 소비자 선택의 폭이 커짐에 따라 고객의 요구 수준이 높아지고 자신의 가치에 걸맞은 대우를 요구하게 된다.

② 요구의 복잡 다양화

상품과 서비스의 수준이 높아졌음에도 불구하고 다양한 고객의 수많은 요구를 충분히 만족시킬 수 없기에 고객의 불만도 많아지고 불만 표시도 다양해지고 있다.

③ 요구의 강렬함

존중받고 인정받으려는 욕구가 강해짐에 따라 이에 대한 요구도 강렬해진다.

④ 대등한 관계 요구

상호 존경, 신뢰의 여지가 줄어드는 상황에서 대등한 관계를 형성하고 유지하기 힘들어지는 경향이 있다.

⑤ 특별한 대우 요구

고객이 자신을 특별한 고객으로 여기고 이에 걸맞은 대우를 받고자 하는 경향이 강해졌다.

(4) 매슬로우의 욕구 5계층 이론

심리학자 매슬로우(A. Maslow)는 인간의 욕구가 그 중요도에 따라 낮은 수준의 욕구에서 높은 수준의 욕구로 일련의 상향 계층을 이루며, 하위 욕구가 충족된 다음에 상위 욕구가 나타난다고 보았다.

① 생리적 욕구

음식, 수면, 의복, 주거 등 삶 그 자체를 유지하려는 욕구로 건강과 안녕을 의미한다. 서비스 차원에서는 음식의 양이나 가격에 대한 욕구이다.

② 안전의 욕구

위험과 고통, 불확실한 상황을 피하고 생리적 욕구 수준을 벗어나려는 욕구이다. 식재료의 안전성을 고려하거나 상품의 교환, 환불 가능성을 따지는 것이 이에 해당한다.

③ 사회적(소속 및 애정) 욕구

소속감, 대인관계, 사랑하고 인정받으려는 욕구. 서비스 상대방이 친절한지, 내 요구를 잘 들어주는지 확인하려는 욕구이다.

④ 존경(존중) 욕구

내적 외적으로 인정받고 지위를 확보해 존중의 대상이 되고자 하는 욕구. 나를 존중해 주는지, 나에게 관심을 보여 주는지 확인하려는 마음이다.

⑤ 자아실현 욕구

자아 성취, 자기 발전을 위하여 잠재력을 극대화하고 자기완성을 추구하는 욕구. 서비스 측면에서는 상대방이 나를 알아봐 주는지, 특별한 서비스를 제공하는지에 해당한다.

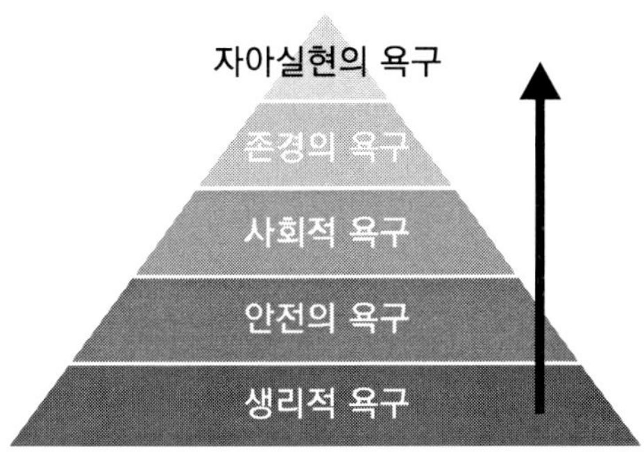

◈ 그림 2-1. 매슬로우의 욕구 5계층

3) 고객의 종류

고객 중 일부가 고정고객, 엘리트 고객으로 발전하게 된다. 고객의 속성을 파악하여 그룹으로 정리하고 속성에 따라 적절한 마케팅 대책을 수립한다면 성공적인 고객 서비스 제공으로 고객 만족을 극대화할 수 있을 것이다.

좁은 의미의 고객은 상품과 서비스를 구매하거나 이용하는 고객을 가리키지만, 넓은 의미의 고객은 상품을 생산하고 이용하며 서비스를 제공하는 일련의 과정에 관계된, 자신 이외의 모든 사람을 지칭한다. 다시 말해 가치를 생산하는 내부고객과 가치를 구매하여 사용하는 외부고객으로 구분할 수 있다.

(1) 포괄적 개념상의 고객 분류

내부고객이 만족하지 않으면 외부고객에게 좋은 상품과 서비스를 전달할 수 없고, 외부고객이 만족하지 않으면 기업의 가치가 떨어진다는 점에서 내부고객, 외부고객이란 포괄적인 고객 개념의 중요성을 무시할 수 없다.

① 내부 고객

나 자신을 중심으로 전후 상하로 관계가 있는 모든 사람, 곧 상사, 부하, 동료 선후배들을 말하고 기능상으로는 경영자, 관리자, 기술자, 생산자, 판매자, 서비스요원 등 가치를 생산하고 제공하는 직원 모두를 가리킨다.

② 외부고객

우리 상품이나 서비스를 사용하거나 사용할 모든 일반 고객을 가리킨다.

③ 중간(매개) 고객

내부고객과 외부고객 사이에서 매개 역할을 하는 협력업체 관계자를 말한다. 기술과 서비스를 직접 제공하는, 예를 들면 재료상, 기자재상, 소매상, 도매상 등에 속한 사람들이다.

(2) 기업의 측면에서 본 고객 분류

① 잠재고객 또는 미래고객

상품이나 서비스에 대해 알지 못하거나 관심이 없지만, 고객이 될 잠재력이 있는 사람을 말한다.

② 가망고객

상품이나 서비스를 인지하고 있으며 관심을 보이는, 고객이 될 가능성이 있는 사람이다.

③ 신규고객

처음 상품이나 서비스를 구매한 고객을 말한다.

④ 기존고객

2회 이상 반복 구매하여 마케팅 대상 고객 정보가 있는 고객이다.

⑤ 충성고객

상품이나 서비스를 반복적으로 구매하는, 제공 업체에 대한 유대관계가 매우 강한 고객이다. 자발적으로 입소문을 내준다.

⑥ 의견선도 고객

파워블로거나 기자, 소비자 보호단체 등 의견제시, 심사, 모니터링을 통해 일반 고객들의 구매 활동에 선도적 영향을 미치는 고객을 말한다.

⑦ 한계고객

상품이나 서비스 판매를 반복적으로 방해하여 영업활동에 피해를 주는 고객이다. 피해를 본 업체들은 일명 블랙리스트에 이름을 올려 관리한다.

⑧ 체리피커 고객

신 포도를 가려내고 체리만 골라 먹는 자를 뜻하는 용어로 상품이나 서비스의 대가를 제대로 지불하지 않고 자신의 실속만 챙기는 고객을 가리킨다. 사은행사에 참여해 사은품만 챙기고 탈퇴한다든지 구매한 상품을 며칠 쓰고 반품하는 경우가 이에 해당한다.

(3) 고객 성향에 따른 그레고리 스톤의 고객 분류

① 경제적 고객

자신이 투자한 시간과 돈, 노력에 대해 최대의 효용을 얻으려 하는 절약형 고객으로 까다롭고 경쟁업체에 대한 정보도 밝은 편이다.

② 윤리적 고객

서비스 기업의 윤리적인 행동에 비중을 두는 고객으로 깨끗하고 윤리적인 기업을 선호한다.

③ 개인적 고객

천편일률적이고 형식적인 서비스보다는 고객 개인에게 특화된 맞춤형 서비스를 선호하는 개성이 강한 고객이다.

④ 편의적 고객

편의성을 중요시하는 고객으로 이 부류의 고객은 편리하다면 추가 비용을 아까워하지 않는다.

(4) 마케팅 측면에서 본 고객 분류

① 소비자

상품이나 서비스를 최종적으로 사용하는 사람

② 구매자

상품이나 서비스를 사는 사람

③ 구매 승인자

상품이나 서비스의 구매를 허락하고 승인하는 사람

④ 구매 영향자

고객의 구매 의사결정에 직접적, 간접적으로 영향을 미치는 사람

■ 고객의 의미	■ 고객의 특성
· 고객은 나의 거울이며 선생이다. · 고객은 미용샵의 주인이다. · 미용인의 임금은 고객이 주는 것이다.	· 이동성 : 더 좋은 미용샵을 찾아 이동한다. · 시간을 내서 미용샵에 찾아온다. · 아름다워지기 위해, 좋은 말을 듣기 위해 미용샵을 방문한다. · 무보수의 자발적 홍보직원이다.

2
고객 서비스

1) 고객 서비스의 정의와 목적

고객 서비스란 거래 전후나 거래 중에 발생하는 고객의 기대와 요구를 충족시키기 위해 처리하는 활동들의 집합이라 할 수 있다. 이는 고객 확보에 절대적인 요소이기 때문에 항상 고객 서비스의 수준과 과정을 점검하고 관리할 필요가 있다.

고객 서비스에 대한 확실한 목표와 지침을 정하지 않으면 서비스 제공자가 고객 서비스를 중요하게 여기지 않아 심각한 문제를 일으킬 수도 있고, 서비스 수준에 대한 근거가 없어 책임 소재도 분명하지 않으므로 만족스러운 고객 서비스가 이루어지기 어렵다. 고객 서비스는 경쟁 도구이기 때문에 경쟁업체와 비교할 필요가 있다.

고객 서비스의 목적이 고객의 기대와 요구를 충족시키기 위한 것이므로 고객이 무엇을 기대하고 어떠한 욕구를 갖고 있는지 파악하고 분석하여 이에 대응하는 것이 필수적인 절차이다.

2) 고객 서비스의 유형

(1) 언어 서비스

언어가 의사소통의 대표적인 수단이므로 언어로 이루어지는 고객 서비스가 주를 이룬다. 일반적으로 방문 고객이 처음 접하는 것이 직원의 인사말이고 인사말에 대한 느낌이 서비스 장소를 평가하는 데 영향을 미친다. 그러므로 서비스 제공자는 때와 장소를 구분하여 적절한 언어를 구사할 수 있도록 만전을 기해야 한다.

(2) 청각 서비스

고객의 귀는 항상 열려 있고, 대화를 포함한 모든 소리가 고객의 판단에 영향을 미친다. 특히 불필요한 소음이 발생하지 않도록 주의하고 음악이나 방음시설을 확보하여 외부 소음을 차단해야 한다. 직원들 간에는 나지막하고 간결하게 대화한다.

(3) 시각 서비스

서비스 자체는 무형이지만 서비스가 구현되는 현상은 가시적이다. 직원의 용모나 복장, 태도 등 고객의 시각적 판단에 영향을 미치는 서비스 부분에도 신경을 써야 한다.

3) 고객 서비스 과정

고객 서비스가 이루어지는 과정은 다음과 같은 단계를 거친다.

(1) 탐색 단계

어떤 서비스를 언제 어디서 받을 것인지 결정하기 위해 서비스를 받기 전에 고객이 직접, 간접적으로 관찰하는 단계이다. 고객의 주의(attention)를 끌어 제품을 인지시키고 제품을 인지한 고객이 관심(interest)을 보이고 구매욕(desire)이 생기는 과정을 포함한다. 서비스 제공자의 광고, 홍보 서비스가 영향을 미칠 수 있다.

(2) 진입 단계

고객이 서비스 제공 장소에 도착한 상태를 말한다. 서비스 제공자와 접촉하기 전 단계로 안내, 주차 등의 편의 서비스를 접하게 된다.

(3) 사전접촉 단계

서비스 제공 장소에 도착한 다음 대기하는 단계이다. 규모가 커서 대기 인원이 많은 은행 같은 경우 예전에는 줄을 서서 자기 차례를 기다려야 했지만, 번호표 대기 시스템의 도입으로 고객 서비스 수준이 향상되어 이제는 고객이 대기 시간을 나름대로 활용할 수 있게 되었다.

(4) 접촉 단계

고객과 접촉하여 원하는 바를 확인한 서비스 제공자가 고객이 원하는 핵심 서비스를 제공하는 단계이다.

(5) 마무리 단계

핵심 서비스가 제공된 다음 고객이 서비스 제공 장소를 떠나기 전에 정리하는 단계이다. 요금 지불, 환송 등의 마무리 단계를 소홀히 하면 핵심 서비스 내용이 아무리 좋더라도 고객의 불만을 야기할 수 있다. 마무리 단계의 키 포인트는 고객의 결정이 옳았고 시술이 잘되었다는 확신을 심어주는 것이다. 또한 마무리 단계는 재방문을 위한 새로운 출발 단계라 할 수 있다. 차후 방문 일정과 시술 내용을 제안하여 예약을 유도하는 제안 예약 시스템을 활용하여 고객에게 기대감을 부여하고 고정고객을 확보하는 것이 바람직하다.

(6) 평가 단계

서비스를 제공받은 고객이 해당 서비스의 내용과 수준 등에 대해 검토한 후 평가하는 단계이다. 평가 단계는 고객 서비스 차원에서 이루어지는 것이 아니지만 평가 내용이 서비스 제공자와 서비스에 영향을 미치고 궁극적으로 고객 서비스에 반영되는 간접적인 효과가 있어 서비스 과정의 마무리 단계로 취급된다. 기업은 서비스의 품질에 대한 고객의 평가를 수용하여 기존의 서비스 체계를 개선할 수 있고, 고객은 서비스에 대한 평가를 통해 이루어진 더 좋은 서비스 혜택을 기대할 수 있으므로 제공자와 고객 모두에게 소중한 단계라 할 수 있다.

4) 고객의 서비스 구매 결정 과정

(1) 일반적 구매 결정 과정

고객 서비스 과정을 고객의 관점에서 단계별로 구분한 것이 구매 결정 과정이다. 소비자가 상품을 구매하기까지 5단계의 과정을 거치게 된다는 광고 마케팅 분야의 AIDMA 법칙이 서비스 구매 결정 과정에도 그대로 적용된다. AIDMA는 Attention, Interest, Desire, Memory, Action의 이니셜이다.

① **주의(Attention, 주목)**: 광고, 입소문 등 다양한 경로로 접한 서비스에 주목하는 단계

② **흥미(Interest, 관심)**: 서비스에 대해 흥미가 생기는 단계

③ **욕구(Desire)**: 서비스를 구매하려는 욕구가 생기는 단계

④ **기억(Memory)**: 명칭이나 브랜드 등 서비스에 대한 정보를 기억하는 단계

⑤ **행동(Action)**: 기억에 근거하여 실제로 구매하는 단계

(2) 온라인 구매 결정 과정

인터넷 검색 망을 통한 온라인 상거래 규모가 커짐에 따라 서비스 제품을 구매하는 고객의 구매 결정 과정도 이러한 시대적 흐름의 영향을 받게 되었다. 이러한 변화를 반영한 심리적 단계 모델이 AISAS 법칙으로 온라인상에서 이루어지는 소비자의 구매 결정 과정을 설명한다.

① **주의(Attention)**: 광고, 입소문 등 다양한 경로로 접한 서비스에 주목하는 단계

② **흥미(Interest)**: 서비스에 대해 흥미가 생기는 단계

③ **정보검색(Search)**: 인터넷으로 원하는 서비스 상품을 검색, 비교, 분석하는 단계

④ **행동(Action)**: 검색 결과 마음에 드는 서비스를 온라인 또는 오프라인으로 구매하는 단계

⑤ **정보공유(Share)**: 제품에 관한 다양한 정보를 SNS에 올려 공유하는 단계

(3) 고객의 구매 의사 결정 과정

마케팅 이론에서 고객이 구매 의사를 갖게 되어 구매로 이어지는 과정의 단계들은 다음과 같다.

① **문제 인식**: 소비자가 현재 자신이 처한 상태와 바람직한 상태에 차이가 있음을 느껴, 그 차이를 메울 수단을 찾으려는 욕구를 갖게 될 때 발생하는 단계. 욕구가 동인으로 작용하여 구매 행동을 취하려는 동기로 발전한다.

② **정보 탐색**: 문제 해결에 필요한 대안들의 정보를 찾는 단계. 자신이 알고 있는 정보를 기억해 내는 내적탐색과 다양한 정보 공급원을 통해 외부의 정보를 확보하는 외적탐색 과정을 거친다.

③ **대안 평가**: 수집한 정보와 고객 본인이 설정한 평가 기준을 활용하여 여러 대안을 비교하고 평가하는 단계. 평가 과정에서 형성된 대안에 대한 신념이 구매 의도로 이어진다.

④ **구매**: 보통 대안 평가 단계에서 선호도가 높게 나온 대안을 구매하지만, 구매 시점의 상황이나 주변인들의 태도 등 몇 가지 요인들이 구매에 영향을 미친다.

⑤ **구매 후 행동**: 구매 후 만족도가 높거나 구매 후 부조화(자신의 선택에 대한 심리적 불안감) 정도가 낮을수록 재구매 가능성과 호의적인 구전 전파의 가능성이 크다.

3
고객 만족과 고객감동

1) 경향의 변화

기업과 고객의 관계는 시대에 따라 변하였다. 1950~60년대에는 소비자가 경제적 관점에서 원하는 제품을 찾아가는 고객 창조 유형이 주도하였으며 소비자의 관심을 끄는 일회적이고 순간적인 성격의 제품과 서비스가 주를 이루었다.

1970~80년대에 들어서면 기업과 고객의 관계가 정적이고 일시적인 성격을 띠면서도 고객의 기대와 욕구를 충족시켜 고객에게 만족을 주는 방향으로 변하였고, 1990년대에는 감성적인 측면이 부각되어 고객의 기대와 욕구를 충족시킬 뿐만 아니라 고객의 감성을 자극하는 동적이고 지속적 성격이 강화되었으며 이를 고객 감동 시대라고 한다.

2000년대에 들어서서는 이성적이고 감성적인 측면이 결합하여 고객의 라이프스타일을 고려한 제품과 서비스를 제공하는 방향으로 변하기 시작했으며, 동적이고 지속적인 성격이 강화된 이 시기의 마케팅 전략의 화두는 고객 행복에 있다.

미용 분야에서도 이러한 변화상이 반영되어 기술자 중심에서 이용자 중심으로, 미용샵 영업 위주에서 고객 만족을 강조하는 방향으로 변화가 진행되었다.

기술이 미용샵 경영의 핵심이었던 1970년대에는 공급이 수요를 따라가지 못했기 때문에 기술만 가지고 있으면 경영에 문제가 없었으나, 수요와 공급이 대략 엇비슷해진 1980년대에 이르러서는 단순한 기술 보유가 아니라 기술 수준이 경영의 성패를 결정되게 되었다. 1990년대에는 기술 보급의 확대로 공급이 수요를 초과하여 고객이 미용샵을 선택하는 상황으로 변하였으므로, 돋보이는 기술력과 서비스 제공 능력을 겸비해야 경쟁에서 살아남을 수 있게 되었고, 2000년대에 들어서서는 기술 창작 및 기술 주문의 시대라 할 정도로 개성과 다양성을 추구하는 경향이 강하게 나타났다.

2) 고객지향, 고객 만족, 고객 감동의 길

소비자들의 기대와 욕구가 다양해지고, 시장의 성장 둔화와 공급과잉으로 경제 환경도 만만치 않으며, 국제화와 제품 품질의 균등화 현상으로 경쟁이 치열한 현재 상황에서는 기업 간의 경쟁에서 우위를 차지하기 위해 기업마다 최선을 다할 수밖에 없는데, 자사의 장점을 지속적 경쟁우위로 전환할 수 있느냐가 기업 존속의 관건이라 할 수 있다. 그런 점에서 경쟁우위를 확보하는 수단 중의 하나로 고객과의 관계를 유지하고 강화하는 관리방식에 관심을 두게 되는 것은 당연한 이치이다.

사실 신규고객을 확보하는 데 들어가는 비용이 기존고객을 유지하는 데 필요한 비용의 5배이며, 보통 매출의 2/3는 만족한 기존고객들의 지갑에서 나온다. 반면에 만족하지 못한 고객들의 대다수가 절대로 그 회사의 물건을 재구매하지 않으며, 자신의 불쾌한 경험을 주변 사람들에게 적극적으로 표현해 부정적인 효과를 극대화시킨다. 기업이 당면하는 가장 큰 문제는 만족하지 않은 고객 가운데 10% 정도만이 그 회사에 연락해 불만스러운 부분에 대해 지적하거나 항의하는 행동을 취한다는 점에 있다. 불만의 정도나 내용을 제대로 파악하고 적응하기 위해서는 만족하지 못한 고객들이 반응을 보여야 하는데 이들의 극히 일부만이 반응을 보이고 나머지는 대응 가능한 영역을 벗어나 버리기 때문이다. 따라서 기업들은 고객의 반응을 기대하는 수동적인 측면이 아니라 적극적으로 고객과의 관계를 설정하고 관리하는 방향으로 나갈 수밖에 없다. 이러한 상황에서 기업이 절실하게 필요로 하는 것이 바로 고객 관계 관리(CRM: customer relationship management), 고객지향 경영, 고객 만족 경영 등의 고객관리 기법이다.

3) 고객 만족

▸ 최소율의 법칙

고급스러운 식당에서 식사하던 손님이 옆자리 테이블 밑으로 바퀴벌레 한 마리가 지나가는 걸 봤다면 그 식당의 이미지는 어떻게 되겠는가? 이처럼 구성요소들 가운데 작은 요소 하나가 부정적으로 평가되어 전체에 심각한 영향을 미치는 상황이 발생했을 때 이러한 현상을 두고 최소율의 법칙이 적용되었다고 한다. 최소율의 법칙이 적용되는 상황은 특히 서비스 관련 업종에서 심각한 결과를 초래할 수 있다.

▸ **서비스의 연산법칙**

서비스 업종에서는 일반적인 계산방식과 달리 백 가지를 잘하고도 한 가지에 문제가 발생하면 아흔아홉 가지를 잘한 걸로 평가받는 게 아니라 전혀 또는 거의 잘한 게 없다는 식으로 평가받게 된다. 이는 최소율의 법칙과 같은 맥락에서 서비스 평가가 이루어지므로 서비스 업종 종사자들에게 요구하는 기준이 그만큼 까다롭다는 말이다. 교육과 훈련을 통해 완성도를 높여야 고객 서비스의 수준을 유지하여 고객에게 만족을 줄 수 있다.

(1) 고객 만족 이론

구매한 제품이나 서비스에 대해 고객이 어느 정도 만족하느냐는 구매 전에 가졌던 기대와 비교하여 성과가 어느 정도 있느냐에 달려있다. 따라서 고객 만족은 구매한 제품이나 서비스에 대해 고객이 구매 전에 기대한 수준 이상의 성과를 얻었다고 생각해 만족을 느끼는 상태를 의미한다.

① 기대-성과 불일치

기대-성과 불일치 개념을 제시한 올리버(R.L. Oliver)의 고객 만족 이론에 따르면, 성과가 기대에 미치지 못했을 때 부정적 불일치, 곧 불만족 상태로 분류하고, 성과가 기대보다 큰 경우 긍정적 불일치, 성과가 대략 기대했던 정도로 나타나면 단순 일치라 하여 만족 상태로 구분하였다.

◆ **표 2-1. 기대-성과 불일치**

기대와 성과의 관계	결 과	고객의 마음
성과 〈 기대	부정적 불일치	불만족
성과 〉 기대	긍정적 불일치	만족
성과 = 기대	단순 일치	만족

기대 수준에 영향을 미치는 요인으로는 제품이나 서비스에 대한 과거 경험, 광고와 홍보 등의 촉진 변수, 유사한 타제품이나 서비스에 대한 경험, 고객의 성격이나 취향을 들 수 있다. 어느 제품, 또는 서비스를 이용하여 성과를 얻었던 고객이나 눈길을 끄는 광고 때문에 구매하게 된 고객은 당연히 기대심리가 높고 은행에서 빠른 서비스를 경험한 고객은 슈퍼에서도 신속한 서비스를 기대하게 되며 귀가 얇은 사람이나 성질이 깐깐한 고객의 기대치도 높을 수밖에 없다.

② 불만 고객의 반응

물론 부정적 불일치 상태에 빠진 고객, 곧 불만 고객의 반응이 똑같지는 않다. 불만의 정도나 고객의 성격에 따라 심리적 메커니즘이 작동하여 다양한 반응을 보인다. 차이가 별로 없는 것으로 지각하여 스스로 위안을 삼으려 하는 경우를 동화효과라 하고, 실제보다 더 낮게 평가하여 불만을 가중시키는 경우를 대조효과라 한다. 약간 기대에 미치지 못하는 경우에는 동화효과로 반응하고, 많이 어긋나는 경우에는 대조효과로 반응하면 동화-대조효과라 한다.

◆ **표 2-2. 불만 고객의 반응**

불만고객의 반응 효과	내용
동화효과	실제보다 더 높게 평가하여 불만을 덜 느끼는 경우
대조효과	실제보다 더 낮게 평가하여 불만을 더 느끼는 경우
동화-대조효과	실제에 가까우면 동화효과로, 차이가 크면 대조효과로 반응하는 경우

③ 귀인 과정

부정적 불일치 상태에 빠진 고객은 심리적으로 불편함을 느끼게 되어 이를 해소하기 위한 귀인 과정을 겪게 된다. 쉽게 말해 불만을 느낀 고객은 의식적으로든 무의식적으로든 왜 불만이 생겼는지, 누구에게 책임이 있는지 따져본 다음에 행동으로 나서게 된다. 정보 수집을 잘못해서 그런 거라고 자기 탓을 하거나 자신의 기대가 너무 컸다고 판단하는 경우 내적 귀인이라 하고, 제품 불량이나 잘못된 정보 제공, 직원의 부주의나 무관심, 불친절 등 공급자에게 원인이 있다고 판단하는 경우 외적 귀인이라 한다. 제품 불량이나 수급에 대한 불만을 제외한 대부분의 외적 귀인은 서비스 관련 사항들이다.

◆ **표 2-3. 내적 귀인과 외적 귀인**

귀인 과정	내 용
내적 귀인	불일치 상태의 원인을 자기 자신에게서 찾는 경우
외적 귀인	불일치 상태의 원인을 외부에서 찾는 경우

④ 불평 행동

불만 정도가 크거나 구매한 제품이 고객에게 중요한 것이라면 행동으로 진전될 확률이 높다. 거리와 시간, 수고 등 경제적 측면도 고려하게 되고, 책임소재와 정도에 따라서, 고객의 학력 수준이나 생활의 여유에 따라서 불평 행동의 강도가 달라진다.

불평거리가 있더라도 사소한 것이거나 행동으로 옮기는 게 오히려 경제적 손해를 초래하리라 판단되면 고객은 행동으로 나아가지 않는 무행동 상태로 남는다. 실행에 옮기는 불평 행동으로는 사적 행동과 공적 행동이 있다. 사적 행동은 친구, 친척, 지인들에게 구전으로 불평을 늘어놓거나, 구매를 중단하거나 거부하는 개인적인 행동을 말하며, 공적 행동은 판매자에게 교환, 환불, 배상을 요구하는 절차적 조치나, 공공기관에 진정하거나 고발을 하는 법적 조치를 취하는 것이다.

◆ **표 2-4. 구매 후 행동**

구매 후 행동	내 용
구매 후 만족 행동	· 재구매 · 호의적인 구전
구매 후 불평 행동	· 실행에 옮기지 않음 · 사적 행동: 재구매 거부, 비호의적 구전 · 공적 행동: 교환과 환불 및 배상 요구, 진정 및 고발 조치

앞에서 살펴본 고객의 기대 수준과 성과 사이의 상관관계, 부정적 불일치로 인한 고객의 반응과 행동을 제대로 이해하고 체계적으로 대처할 수 있어야 고객 만족의 길을 열 수 있다. 사실 고객 만족이란 것이 상대적 성격을 갖고 있기 때문에 마케팅 관리자에게 성과를 높이면서 기대를 적정 수준으로 유지시키는 쉽지 않은 과제가 주어진다. 고객의 기대 수준을 낮춰버리면 잠재고객을 끌어들이기 힘들어 구매자가 줄어들 수 있고, 반대로 고객의 기대 수준을 너무 높게 형성시키면 제품이나 서비스의 품질이 좋더라도 기대 수준이 높은 고객을 만족시키기 어렵다. 예를 들어 과장 광고는 높아진 기대 수준 때문에 역효과를 내게 된다.

고객 만족은 고객 충성도를 높이고 충성도가 높은 고객은 재구매와 구전 광고로 만족을 준 기업에 보답한다. 이와 같이 고객 만족의 중요성이 부각된 현재 상황에서는 고객을 중시하고 고객을 지향하는 조직으로 변해야만 조직이 살아남을 수 있다. 고객지향 조직은 고객이 최상위에 위치하고 경영자가 맨 아래에 위치하며 중간에 관리자와 접객 실무자들이 배치되는 역삼각 구조를 띠게 된다.

(2) 고객 만족 서비스

고객 만족 서비스란 제품과 관련된 서비스든 그 자체가 서비스 상품이든 간에 고객의 요구와 기대에 최대한 부응하는 서비스를 제공하여 고객의 기대치를 능가하는 성과를 내는 것이다. 서비스에 만족한 고객은 관련 제품과 서비스를 다시 구매할 뿐만 아니라 서비스 공급자에 대한 믿음을 표시하게 된다.

기업의 목적이 이윤추구에 있음은 분명하지만, 이윤은 고객을 확보해야 창출할 수 있으며 고객 확보는 고객 만족을 통해 얻는 결과물이다. 고객이 만족하면 구매로 이어져 매출이 증가하고 제품과 서비스의 생산과 공급이 늘어나지만, 고객이 만족을 얻지 못하면 매출이 감소하여 제품과 서비스를 공급할 필요성이 사라지게 된다. 고객을 만족시키지 못하면 자연스레 경쟁업체에게 고객을 빼앗길 것이다. 요즘처럼 시장이 포화상태에 이르고 품질로 대결하기가 힘들어진 상황에서 고객 만족이야말로 경쟁력을 강화하는 최상의 수단이라 할 수 있다.

◆ 표 2-5. 고객 만족에 영향을 미치는 요인들

고객만족 범주	고객 만족에 영향을 미치는 요인
상품	· 하드 부분: 품질, 기능, 가격 · 소프트 부분: 디자인, 색상, 상표
서비스	· 장소, 분위기, 접객, 불만 처리, A/S 등
기업 이미지	· 문화 활동이나 스포츠 활동에 필요한 공간과 시설 제공 · 복지시설 지원, 봉사활동, 재활용 운동, 환경보호 활동

그렇다면 고객을 만족시키기 위해 경영자는 어떤 마인드를 가져야 하는지 미용 분야를 중심으로 살펴보자. 고객 접촉도가 높고 서비스 비중이 큰 미용 분야의 특성 때문에 미용샵 경영에 있어서 고객 만족의 중요성은 매우 클 수밖에 없다. 미용 기술의 보편화 및 평준화, 고객의 선택 및 영향력 확대 등 여러 가지 요인으로 인한 미용 산업의 극심한 환경 변화 때문에 미용샵들의 경쟁이 심화하고 고객 유치에 목말라하는 상황에서 고객 만족 경영전략이 등장하는 것은 당연하다.

고객이 원하는 바를 정확하게 파악하고 기대에 어긋나지 않는 미용 기술과 서비스를 제공하는 미용샵만이 경쟁에서 살아남을 수 있고, 고객을 만족시킴으로써 믿음을 갖게 된 고객의 재방문, 재이용, 재구매가 이루어지고 이에 따른 수익증대와 기술 및 서비스 향상으로 선순환 구조가 확보될 때에만 성공적인 경영이 가능하다. 지불한 돈이 아깝지 않을 정도로 제공받은 기술과 서비스에 만족한 고객은 십중팔구 다시 그 미용샵을 찾게 되고 잠재고객을 끌어들이기도 한다. 신기술 습득과 체계적인 서비스로 만족감과 신뢰감을 부여하면 고정고객이 늘어나고 자연스레 미용샵의 평판과 이미지가 향상될 것이다.

(3) 미용 고객 만족 구현 마인드

① 미용 서비스는 인적 서비스이다.

고객의 욕구를 충족시키는 데 있어서 직원들의 역할이 절대적인 직종이므로, 고객의 태도와 행동뿐만 아니라 직원들의 태도와 행동에 관해서도 관심을 기울여야 한다. 매상을 올리는 걸 목표로 삼았을 때보다 자신이 중요한 일을 하고 있다는 긍지와 자부심을 가졌을 때 직원들은 긍정적이고 적극적인 자세로 고객을 대하게 된다. 따라서 경영자는 직원의 마음을 헤아리고 직원에게 비전을 제시하여 고객 만족의 토대를 쌓아야 한다.

② 고객을 존재 이유로 받아들이고 고객 위주로 사고하라.

이론상 소비자가 없어도 제품 생산이 불가능한 건 아니지만, 실질적으로는 소비되지 않는 제품을 생산할 수 없고, 특히 동시성을 특징으로 하는 서비스 부문의 경우에는 소비자가 없으면 활동이 이루어질 수 없다. 고객이 서비스 기회를 제공해야 존속할 수 있으므로 결국 고객의 유무, 고객의 호의가 결정적인 존재 이유임은 분명하다. 그러므로 존재 이유인 고객은 가장 중요하고 절대로 논쟁의 대상이 될 수 없다.

고객 지향적 사고, 고객 위주의 경영이 고객의 시대에서 요구하는 자세이다. 편리한 장소, 안락하고 쾌적한 환경, 고객에게 도움이 되는 정보, 고객을 배려하는 말씨와 태도 등 필요한 항목을 항상 체크하고, 시술은 편안하고 가시적인 효과가 있어야 한다. 제안과 충분한 문답, 의견 경청, 신중한 사후 처리도 필수적이다.

③ 고객의 욕구와 구매심리를 파악하고 기대에 부응하라.

고객 만족은 선택사항이 아니라 필수이다. 고객은 만족을 얻지 못하면 언제라도 미용샵을 바꿀 수 있는데, 고객이 원하는 것이 무엇인지 모르는 사람이 어떻게 고객을 만족시킬 수 있겠는가? 고객의 욕구와 기대가 무엇인지, 어떻게 변하는지를 파악하고, 파악한 내용을 기술과 서비스에 반영하여 모든 것을 고객 중심으로 맞춰야 한다.

그리고 이제까지 불편과 불만이 없었다고 해서 앞으로도 고객이 만족하리라는 보장은 없다. 정보화 사회의 정보 홍수 속에서 유행을 빨리 타는 수많은 제품과 서비스가 고객의 내성을 키우는 시대에, 고객의 다양하고 변덕스러운 욕구와 기대를 충족시키려는 노력 없이는 도태되기 쉽다.

④ 고객은 걸어 다니는 최고의 홍보 수단이다.

만족을 얻은 고객은 걸어 다니는 최상의 마케팅 수단이다. 특히 미용의 경우 고객뿐만 아니라 고객과 접촉하는 사람들의 반응이 중요한 평가 기준으로 작용하는데, 만족한 고객이 스스로 알아서 하는 구전 및 시각 홍보는 접촉성과 현실감이 뛰어난 매우 효율적인 수단이고 실제로 미용샵의 평판을 좌우하는 경우가 많다.

⑤ 고객의 불만을 경청하라.

고객은 자신이 경험한 내용을 그대로 전달하는 게 아니라 부풀려서 말한다. 부풀려서 말할 것인지 입을 다물고 말 것인지를 결정하는 사람도 고객이다. 또한 고객은 아이디어를 제공하는 원천이기도 하다. 따라서 고객이 의도적으로든 무의식적으로든 간에 불만스러운 언행을 보인다면 아무리 사소한 것이라도 원인을 찾아 대응 방안을 마련해야 한다. 자연스럽고 친밀한 대화를 통해 고객의 욕구를 파악하고 불만 사항을 찾아내는 게 가장 좋은 방법이라 할 수 있다. 고객의 말을 아예 듣지도 않거나 듣고서도 반응을 보이지 않는다면 제대로 된 대화라 할 수 없고 불만이 고조된 고객이 미용샵을 옮겨 불평을 터트리는 최악의 상황을 초래할 수 있다. 심각한 문제는 이러한 이탈고객이 불만스러운 경험과 커뮤니케이션의 부재로 인한 심리적 피해를 결합해 과장된 불평 행동으로 피해를 준다는 데에 있다.

⑥ 불만을 표시하는 고객에게 차라리 고마워하라.

고객 대부분은 불만이 있어도 이를 드러내지 않기 때문에 고객의 침묵을 만족으로 단정하여 방치해서는 안 된다. 불만을 토로하는 고객은 불만을 들어주고 원인을 해소해주면 단골로 남지만, 불만이 있어도 침묵을 지키는 고객은 말없이 미용샵을 바꿀 확률이 높다. 불만을 자연스럽게 토로할 수 있도록 상담 및 대화 창구를 최대한 활용하여야 한다. 까다로운 고객이 많으면 고생하더라도 기술과 서비스의 수준이 향상되는 이점이 있다.

⑦ 고객의 마음을 사로잡아라.

큰 물리적 이득뿐만 아니라 작은 정성이나 관심으로도 고객의 마음을 사로잡을 수 있다. 고객이 오기만을 기다리기보다는 고객의 체형에 어울리는 헤어스타일이나 메이크업을 제안하거나 고객의 관심을 끌 만한 정보를 제공하였을 때 고객의 마음이 움직여 좋은 반응을 기대할 수 있다. 단순한 정보 제공 차원에서 벗어나 고객 하나하나의 개성과 취향을 고려한 철저한 사후관리로 고객의 마음을 사로잡는 것이 고객 만족의 길을 여는 것이다.

⑧ 기존고객의 이탈을 막아라.

가격을 낮추거나 판촉 활동을 통해 고객을 확보하고 유지하는 방식으로는 수익성과 효율성을 기대하기 어렵다. 이동이 자유롭지 못해서 지역적 한계가 있었던 시대에는 고객이 한계영역 내에서 가격이 싸거나 혜택도 많이 주고 기술이 좋은 미용샵을 찾았지만, 이동이 자유로운 현재 상황에서는 수익성을 떨어트리는 가격인하나 누구나 할 수 있는 판촉 활동만으로 우위를 차지하기란 쉽지 않다. 가격이 더 싼 미용샵이 없으리란 보장도 없고 판촉 활동도 우리 미용샵만 하는 게 아니라서 바람직한 효과를 얻기 힘든 마당에 기존고객의 이탈을 막는 최선의 방법은 고객에게 최고의 기술과 서비스를 제공하여 고객의 충성도를 유지하는 것이다. 기존고객이 이탈하면 신규고객을 유치해야 한다. 유치 비용도 만만치 않을 뿐 아니라 상황이 변하지 않으면 유치한 신규고객도 조만간 이탈하고 말 것이다. 따라서 기존고객의 이탈 방지는 미용샵 경영의 마지노선이라 할 수 있다.

⑨ 눈높이 서비스, 재치 있는 서비스로 만족을 극대화하라.

고객의 연령, 직업, 신체 구조, 성격 등을 잘 파악하여 고객에게 가장 잘 맞는 서비스를 제공하는 것이 눈높이 서비스의 핵심이다. 문자 그대로 물리적으로 고객과 눈높이를 맞추는 것도 효과가 입증된 훌륭한 서비스 자세이다. 사소한 것이더라도 정성 들여 스스로 행하는 서비스가 전체 서비스 수준에 미치는 파급효과는 엄청나다. 또한 고객의 기분과 감정, 고객의 실수 등을 제대로 포착하여 재치 있고 원만하게 처리하면 자연스레 고객의 만족도는 높아지게 된다.

⑩ 기대가 크면 실망도 크다.

고객 만족은 기대치와 성과의 상관관계에서 나오고 기대치가 높으면 만족을 얻기 힘들다. 따라서 지키지 못할 약속이나 과장된 표현으로 이유 없이 고객의 기대치를 높이는 건 어리석은 짓이므로 절대 피해야 한다. 적절한 수준에서 이루어지는 약속이나 홍보, 배려가 고객의 신뢰도를 키우는 법이다.

＊미용 고객 만족 구현 마인드

① 미용 서비스는 인적 서비스이다.
② 고객을 존재 이유로 받아들이고 고객 위주로 사고하라.
③ 고객의 욕구와 구매심리를 파악하고 기대에 부응하라.
④ 고객은 걸어 다니는 최고의 홍보 수단이다.
⑤ 고객의 불만을 경청하라.
⑥ 불만을 표시하는 고객에게 차라리 고마워하라.
⑦ 고객의 마음을 사로잡아라.
⑧ 기존고객의 이탈을 막아라.
⑨ 눈높이 서비스, 재치 있는 서비스로 만족을 극대화하라.
⑩ 기대가 크면 실망도 크다.

(4) 고객 만족을 위한 마케팅 기법

고객의 반복 구매 성향인 고객 충성도를 측정하고 영향을 미치는 주요 요인들을 구체적으로 파악하려면, 다양한 마케팅 기법을 활용해야 한다.

① **고객 관계 관리(CRM):** 기존고객의 만족이 중요한 화두로 등장함에 따라 고객 만족을 통한 경쟁우위 확보 수단으로 도입된 기법이다. 고객의 개인정보, 거래내역, 홍보활동에 대한 반응을 데이터베이스화하여 분석함으로써 충성도가 높은 고객을 추려내어 이들의 이탈을 방지하고 효과적으로 관리하는 방법이다.

② **관계 마케팅:** 고객과 장기적으로 만족스러운 관계를 형성하여 고객이 자사의 상품이나 서비스에 대하여 지속적으로 애착을 갖도록 하는 마케팅 전략이다.

③ **일대일 마케팅:** 정보기술을 활용하여 개별적인 고객을 대상으로 삼은 마케팅 활동이다. 동일한 속성을 가진 고객들이라도 각자 다른 특성이 있다는 전제하에 고객 하나하나에 대해 분석하고 관리하는 기법이다.

④ **데이터베이스 마케팅:** 고객들의 정보자료를 데이터베이스화하고 지속적으로 업데이트하여 고객 관계 유지에 활용하는 마케팅 기법이다. 이러한 관계 마케팅과 데이터베이스 마케팅의 핵심을 결합하여 구매력이 있는 고객을 철저하게 관리하는 시스템으로 발전시킨 것이 고객 관계 관리이다.

(5) 고객 만족의 효과

고객 만족이 이루어지면 높아진 고객 충성도가 반영되어 고정고객이 늘어나고 이들의 전언 홍보 효과가 발휘되어 이미지가 좋아질 뿐 아니라 잠재고객의 방문도 많아지게 된다. 고객이 알아서 해주는 홍보 덕분에 광고 판촉비를 줄일 수 있고 고객이 늘어 수익도 늘어난다. 게다가 직원들이 느끼는 자부심과 자신감 증대는 물론이고 직원들 간의 결속력도 강화되는 이점이 있다.

고객 만족 효과	고정고객 증가
	이미지 향상
	잠재고객 증가
	수익증가
	판촉비 감소
	직원의 사기증진, 결속력 강화 = 인적 자원 관리

4) 고객 감동(customer emotion)

요즘 정보화, 세계화 과정에서 벌어지는 치열한 경쟁 속에서 기업들의 고객 서비스 정책은 고객 만족 수준에서 고객 감동 수준으로 한 단계 격상되는 변화를 겪고 있다. 이제 고객 만족 서비스 차원이 아니라 한 등급 위인 고객 감동 서비스 차원의 시대라 할 수 있다. 직원 한 명의 불친절한 태도나 단 한 번의 실수가 기업의 이미지에 먹칠을 할 수도 있고, 고객의 요구를 적극적으로 파악하고 문제점을 신속히 해결하고 기대 이상의 서비스를 제공해 고객의 감동을 끌어낼 수도 있다.

(1) 고객 감동의 중요성과 고객 감동 서비스

고객 만족은 상대적인데다가 작은 차이로도 결정이 날 수 있는 것이라 고객의 기대치 이상이면 되지만 조금이라도 낮으면 얻을 수 없다. 사실 고객의 기대 수준은 항상 최고를 기준으로 설정하게 되어 있다. 따라서 기대치 이상이라는 목표가 아니라 최고의 기준을 목표로 삼았을 때 만족은 감동으로 바뀔 수 있다.

고객 감동 서비스란 문자 그대로 고객이 원하는 바를 채워주어 감동하게 만드는 서비스를 말하지만, 특별한 어떤 일을 한다기보다는 고객이 원하는 것을 미리 찾거나 최선을 다하는 모습으로 고객의 만족을 넘어 감동을 구현하는 서비스이다. 고객의 편의와 욕구 충족을 위하여 친절한 마음가짐과 진심에서 나오는 배려가 중요하다.

(2) 고객 감동 구현 마인드

① 고객지향 조직으로 개편하라.

·고객을 위한 일을 최우선으로 한다.
·고객과의 접점을 가장 중시한다.
·서비스 제공에 걸리는 시간을 단축하기 위해 노력한다.
·고객의 관점에서 서비스 제공자의 서비스 능력을 평가한다.

② 서비스 제공자의 태도가 고객의 마음을 움직인다.

·고객의 말을 항상 경청한다.
·고객 감동을 위해 창조적으로 생각한다.
·고객 서비스 기회를 놓치지 않는다.
·고객을 위한 혁신의 의지를 갖는다.
·고객에 대한 열정을 갖는다.
·경쟁자보다 항상 한발 앞서 나간다.

5) 고객 불만과 불만 처리, 대응 전략

사실 고객 만족, 고객 감동 서비스가 그리 쉽다면 그렇게 그 중요성을 강조할 필요가 없을 것이다. 아무리 만족시키고 감동하게 하려 해도 만족과 감동이 상대적이고 주관적인 것이라 객관화할 수치를 뽑아내기도 힘들고 만족의 정도를 구체적으로 표시하기도 힘들다. 또한 다수의 고객은 만족하거나 불만스럽다고 해서 그걸 그대로 표현하지 않는다. 따라서 고객을 만족시키고 감동시키려는 노력과 더불어 고객의 불만을 제대로 파악하고 대처하는 방안을 찾는 게 바람직할 것이다.

(1) 고객 불만

기존 고객의 80% 이상이 재구매 고객으로 방문한다면 그 기업은 어느 정도 고객 만족을 실현했다고 볼 수 있다. 그 이하라면 어떤 이유로든 고객의 불만이 기업경영에 영향을 미치는 상황이라고 단정할 수 있다. 문제는 불만을 느낀 고객의 4%만이 불만을 표시하고 나머지는 반응 없이 해당 기업과의 거래를 끊어버린다는 점에 있다. 그러나 더 큰 문제는 불만을 느낀 고객들이 보통 9~10명에게 불만의 내용을 토로하고, 심지어 불만 고객의 13%는 20명 이상에게 구전으로 불편한 마음을 표시한다는 점이다.

반면에 불만 표시가 받아들여져 해결되었거나 최소한 기업의 입장을 이해한 고객은 3~5명에게 이러한 상황에 대해 말하고, 신속한 불만 해결을 경험한 고객의 70~80%가 재구매 의사를 갖는다. 실제로 불만을 표현하는 고객들의 구매력은 일반 고객들의 2배 이상이며, 고소득자일수록, 젊을수록, 교육을 많이 받은 고객일수록 불만의 토로 횟수와 강도가 강하다. 따라서 불만을 표현하는 고객에 대한 적절한 대응은 충성고객을 확보하는 기회가 될 수도 있다.

① 불만의 원인

· 서비스 제공자 측에 기인한 불만: 상품, 직원, 시설 등에 대한 불만

· 고객 측에 기인한 불만: 상품에 대한 이해 부족, 지나친 기대감, 변심이나 고의성 등 고객의 심리 변화

② 불만 고객의 반응

· 무반응 고객: 대다수 고객은 불만이 있어도 이를 드러내지 않고 해당 업체의 서비스를 이용하지 않는다.
· 직접 반응 고객: 제공자 측에 구체적으로 불만을 제기하고 교환, 환불, 보상 등 시정, 해결책을 요구한다.
· 사적 반응 고객: 지인들에게, 또는 비공식 매체를 통해 자신의 불편한 심정을 드러내는 고객으로 부정적인 파급효과가 크다.
· 공적 반응 고객: 불만의 정도가 심해 소비자 보호단체나 언론, 사법기관에 진정, 고발하여 처벌을 원하는 고객을 말한다.

(2) 고객의 이의제기(Claim)와 불평(Complain) 처리

고객은 이의제기와 불평을 통해서 상품이나 서비스에 대한 불만을 표현한다. 고객이 문제를 제기하고 불평하는 이유를 알아야 불만을 해소할 수 있는 해결책을 찾아 제대로 고객관리를 할 수 있다. 고객이 이의제기한 이유가 의사소통 부족이라면 상품 판매나 상담 시 충분한 대화로 고객에게 필요한 정보나 고객이 원하는 바를 확인하고 절차를 진행해 오해의 소지를 없애야 한다. 미숙한 서비스나 엉뚱한 서비스로 고객이 원하지 않는 상황이 발생할 수 있으므로 서비스 내용도 꼼꼼하게 확인할 필요가 있다. 물론 고객의 기대치가 너무 높아 제공이 불가능한 서비스를 요구할 수도 있다. 고객의 감정이 누그러질 때까지 진정시킨 후 설득하고 해명하여 처리한다.

고객의 클레임을 어떻게 처리하느냐에 따라 역전의 기회가 될 수도 있고 고객을 적으로 만들 수도 있으므로 클레임 처리는 고객관리에 있어서 매우 중요한 부분이다. 고객이 이의를 제기하면 열심히 들어주고 적극적인 응대로 고객의 기분을 맞춰야 하고, 적절한 질문을 통해 문제가 된 내용을 신속하고 정확하게 파악해야 한다. 불쾌한 표정을 짓거나 회피하는 태도를 보이는 건 최악의 상황으로 몰고 가는 것이다. 해결 의지를 보여 고객을 안심시키고, 내용이 파악되면 적절한 선에서 해결방안을 제시한다. 고객의 클레임이 도움이 되었다는 말로 감사 표시를 하는 것이 좋다.

① 불만 표출 고객의 심리

· 보상 목적: 구매로 손해 봤다는 심리가 작용해 손실을 회복하거나 서비스를 다시 받을 목적으로 불만 표출

· 분노 표출: 구매로 인해 자존심이 상하거나 화가 난 고객의 분노 표출

· 서비스 개선 목적: 서비스 개선을 위한 자발적이고 적극적인 피드백 제공 차원의 불만 표출

· 이타성 배려: 앞으로 다른 사람들이 같은 손해를 입지 않도록 시정, 개선되기를 바라는 심리 작용

② 불만 처리의 중요성

· 고객의 불만을 신속히 처리함으로써 고객의 불평이나 오해의 소지를 최대한 빨리 줄일 수 있다.

· 불만 처리에 만족한 고객은 서비스 업체에 더 큰 신뢰감을 느끼고 호의적인 관계를 유지하게 된다.

· 불평을 하지 않는 고객보다 불만을 토로하는 고객의 재구매, 재방문 의도가 높은 편이다. 불만 표시 그 자체가 고객의 심리적 긴장 완화 효과를 가져오므로 적시의 불만 처리는 중요한 고객 응대이다.

· 고객이 드러내는 불만은 서비스 업체의 지속 발전에 있어서 매우 중요한 자료이다. 불만의 원인, 동기를 파악하여 문제를 해결하는 처리 과정과 결과물이 차후 고객 응대에 큰 도움이 된다.

③ 불만 처리 단계와 주의사항

· 불편에 대한 사과: 고객의 화를 가라앉히는 효과가 있다. 잘잘못 여부를 떠나 불편하게 했다는 점에 대해 진정성 있는 사과를 한다.

· 공감과 경청: 불만의 핵심을 파악하는 중요한 과정이다. 경청하는 태도와 공감하는 표정이나 표현이 고객의 불만을 누그러트린다.

· 사실 조사와 원인 분석: 질문과 상황 판단을 통해 불만 원인을 파악한다. 기존의 데이터와 비교 분석하여 반영하고 처리 절차를 검토한다.

· 신속 해결과 대안 제시: 쉬운 해결 방법부터 제시하고 충분한 설명을 곁들인다.

· 긍정적 마무리: 다시 한번 사과하고 덕분에 개선할 사항을 알게 되었다는 내용의 감사 표시를 한다.

· 처리 내용의 검토 및 분석: 불만의 내용에 초점을 맞춰 처리 결과를 검토, 분석, 정리한다.

고객 불평 응대 과정
(불편하게 해드려서 죄송하다는) 사과 → 경청 → 공감 → (사실 조사로 드러난 잘못이나 문제점에 대한) 사과 → 모색 → 약속 → 처리 → (다시 한번 더 정중하게) 재사과 → 개선

④ 불만 해소를 위한 기본 원칙

· 피뢰침 원칙: 고객의 불평을 감당하기 힘들 때 내가 조직의 피뢰침이라 생각하여 감정을 추스른다.

· 책임 공감 원칙: 직접적인 책임이 없다 하더라도 조직 구성원이기에 같이 책임을 져야 한다.

· 감정 통제 원칙: 직업적인 대인관계로 인한 스트레스를 이겨내고 감정을 통제해야 한다.

· 언어 절제 원칙: 말을 되도록 삼가고 고객의 말을 많이 들어 문제를 신속하고 정확하게 해결하는 것을 목표로 해야 한다.

· 역지사지 원칙: 고객의 처지에서 생각하고 바라보아야 불만 상황을 이해하기 쉽다.

⑤ 불만 고객 응대 기법 (MTP)

· Man(사람): 응대하는 사람을 바꿔라. 담당자에서 책임자로, 하급자에서 상급자로 교체한다.

· Time(시간): 시간을 바꿔라. 음료를 권하는 식으로 흐름을 끊어주면 진정되는 효과가 있다.

· Place(장소): 장소를 바꿔라. 자리에 앉히거나 상담실 같은 다른 공간으로 이동하면 흥분이 조금 가라앉는다.

(3) 대응 전략

고객 불만 대응 전략이란 기업이 고객의 불만을 해소하기 위해 규정으로 정해놓고 상황 발생 시 이에 따르는 조치를 말하며, 할인과 정정, 개입, 조정 보너스 제공, 교환, 사과, 환불 조치를 들 수 있다. 고객의 정정 요구에 반응하기도 한다. 효과적인 대응 전략은 불만 처리에 들어가는 비용을 산정하고 불만 제기에 대해 즉각적인 반응을 보이고 고객의 욕구나 필요를 예측하여 신속히 대처하는 것이다.

4
고객관리와 상담

1) 고객관리

고객관리란 고객을 확보하고 유지하기 위해 고객을 대상으로 하는 관리체계를 말한다. 고객관리가 필요한 이유로 고객관리를 통한 신규고객의 증가가 고정고객의 증가로 이어진다는 점, 고객관리가 잘 되면 광고비, 판촉 비용을 줄일 수 있고 기업의 이미지가 좋아진다는 점, 인적 자원관리에 유리하고 매출과 수익의 증가로 이어진다는 점을 들 수 있다.

그러나 이처럼 필요한 고객관리가 말처럼 그리 쉽게 되는 것은 아니다. 고객관리가 어려운 이유는 정보 제공을 꺼리는 고객들 때문에 정보를 확보하기가 어렵고, 체계적인 고객관리에 전산처리 장비와 관리 인력이 필요하며, 시대적, 사회적 여건에 따라 달라지는 고객의 취향과 가치관, 증가하는 욕구와 기대를 파악하고 대응하기가 쉽지 않다는 점에 있다.

고객관리가 제대로 되지 않으면 고객의 수는 점차 줄어들 수밖에 없는데 그 원인은 시장의 포화상태로 인한 업체들의 경쟁 심화라는 외적 요인만이 아니라 업체 내부적인 요인들에서도 찾을 수 있다. 경쟁업체의 요금 인하로 고객을 뺏길 수도 있지만 무리하지 않는 상황에서 경쟁업체가 요금을 낮출 수 있다면 고객을 뺏어가는 것은 경쟁업체의 능력이고 요금 부담은 개선해야 할 과제가 된다. 분위기가 나쁘다거나 주차장, 대기실 등의 편의시설이 불편하다고 고객이 트집을 잡거나 짜증을 내는 것은 고객들의 성향을 파악하지 못해 나타나는 내부적 요인이라 할 수 있다. 이사, 전근 등의 개인 사정으로 인한 고객 감소는 자연스러운 것이지만 고객의 신분, 경제력, 나이에 맞는 기술이나 서비스를 제공하지 못해 발생하는 불만과 결과적인 고객 감소는 전적으로 내부 문제이다. 불경기나 경쟁 탓으로 돌리지 말고 내부적 요인들을 해소하려는 노력이 필요하다.

고객 수 감소 요인	
외적 요인	경쟁 심화
	불경기
내적 요인	안 좋은 분위기
	불편한 편의시설
	부족한 기술과 서비스

(1) 미용샵의 고객관리

예전에는 기술이 좋으면 미용샵 운영에 무리가 없었지만, 이제는 경영관리, 마케팅관리, 접객 서비스 등의 기법을 통해 고객 만족, 고객 감동 수준까지 끌어올리지 못하면 경쟁에서 밀리고 만다. 미용샵 증가와 경쟁 심화로 인한 고객의 상대적 감소, 정보화 사회에서 나타나는 유행패턴의 급변 현상과 소비자 권리 강화 현상, 미용업 형태의 다변화와 직원 의식구조의 변화, 인구 구조의 변화와 고객층의 다양화 등 여러 요인이 미용샵 경영에 변수로 작용하는 상황에서 탁월한 기술을 보유한 일부 미용샵을 제외하고는 기술력만으로 무한경쟁에서 살아남을 수 없게 되었다. 고객의 심리를 잘 파악하고 서비스의 수준을 높여 고객의 만족도를 높이는 수밖에 없다. 고객 만족, 더 나아가 고객 감동을 이루기 위해서는 우선 고객의 성별, 나이, 직업, 소득, 사회계층, 개성, 라이프스타일 등 필요한 자료를 확보, 분석하여 소집단으로 세분화해야 한다. 그리고 이렇게 세분화한 자료를 토대로 고객이 만족할 수 있는 서비스를 구축하여 잠재고객을 단골고객으로 끌어들여야 하는데 이러한 과정 전체를 고객관리라 한다. 참고로 기존고객의 유지비용은 신규고객을 확보하는 데 들어가는 비용의 1/5~1/6 수준이고 수익 기여도는 5배 이상이다.

① 고객의 성별에 따른 특성 차이

· 여성은 성향 면에서 감수성이 풍부하여 감성적이고 의존적이며 주관적이다. 가치 판단 면에서는 수평적 사고와 종합적 판단, 관계 중시를 특성으로 한다. 소비 측면에서는 미적 가치를 추구하고 타인 지향적이며 판매자가 제공한 정

보를 활용하는 편이다.

· 남성은 이성적이고 객관적이며 주도적, 독립적, 경쟁적 특성이 있다. 수직적 사고와 분석적 판단, 조직 중시가 특성이다. 합리적 가치를 우선시하며 자기 관련성이 높은 제품을 선호하고 자발적인 정보 수집 경향이 강하다.

② 고객의 나이에 따른 특성 차이

· 청소년기: 외모에 관심을 갖는 시기로 유행에 민감하다. 새로운 것에 대한 호기심이 강하다. 브랜드 제품을 선호한다.

· 청년기: 독립성, 활동성이 강하다. 사랑하고 보살피는 능력이 생기는 시기로 봉사 정신, 탐구심, 모험심도 커진다.

· 중년기: 현실 타협적이다. 경험이 쌓여 생활 관련 능력은 절정에 달하나, 신체 노화로 인한 심리적 위축, 부양 능력에 대한 부담 등 삶의 부담을 많이 느낀다.

· 노년기: 풍부한 경험과 가치관이 있으나, 활동성 저하로 보수적 성향이 강해진다. 삶에 대한 만족감과 후회가 교차하는 과거 회고적 특성이 있다.

③ 사회계층에 따른 특성 차이

사회계층은 직업, 소득, 재력, 교육 수준, 생활양식, 소비패턴 등 객관적 조건과 사회적 배경이 비슷한 사람들의 집단을 일컫는데, 일반적으로 상층, 중산층, 하층으로 구분한다. 재력, 즉 구매력 측면에서 드러나는 차이가 소비 취향에 반영되어 상층은 품격을 중시하고 중산층은 상승 모방 성향이 강하며 하층은 실용성을 드러낸다.

④ 고객의 라이프 스타일에 따른 특성 차이

· 외부 지향형: 전통 규범에 순응하는 성향을 갖고 있어서 제품 구매 시 타인들의 의견을 고려한다.

· 내부 지향형: 규범을 따르기보다는 자신의 내적 욕구를 충족시키려 한다.

· 욕구 지향형: 실소득이 적어서 기본적 욕구를 충족시키기 위해 구매한다.

(2) 고객관리 대상과 전략

일반적으로 우리가 고객이라 부르는 외부고객만이 고객관리의 대상이 되는 것은 아니다. 앞에서 고객을 분류할 때 이야기했듯이 직원들, 곧 내부고객도 넓은 의미의 고객에 속하고 당연히 고객관리의 대상이 되어야 한다. 서비스의 중요성이 부각되면 될수록 외부고객과 직접 접촉하는 내부고객의 비중도 그만큼 더 커질 수밖에 없으므로 이에 대한 관리도 필수적이라 하겠다.

① 내부고객 관리

내부고객을 어떻게 관리하느냐가 조직의 성패를 어느 정도 좌우한다.

· 서비스 지향적인 직원을 채용한다.
· 직원들의 수고에 합당한 임금을 보장한다.
· 직업에 대한 자부심과 비전을 갖도록 이끈다.
· 세대 차이가 나는 직원들을 자신이 설정한 틀에 가두려 하지 말라.
· 신세대 사고의 장점을 이해하고 받아들인다.
· 직원들의 역할 분담을 분명히 하여 갈등의 여지를 최소화한다.
· 필요한 경우 가동할 수 있는 권한위임 시스템을 확보하라.
· 체계적인 교육 훈련으로 기술력과 서비스 정신을 겸비한 인재를 양성한다.

▸ 내부고객 필요성과 관리방안

직원들의 직무 만족과 고객 만족은 상호작용한다. 내부고객을 제대로 관리하지 않으면 낮은 동기부여와 불만족한 태도로 인해 직원들의 서비스 수준이 하락하고 부정적인 고객 반응으로 이어진다. 게다가 서비스 품질은 직원들의 행동으로 결정된다. 자동화된 서비스일지라도 시스템 통제를 직원이 담당하기 때문에 문제가 발생할 경우 직원의 신속한 대처가 중요하다. 서비스 기업은 직원들이 다양한 상황에서도 일관성 있게 행동할 수 있도록 규범을 정하고 긍정적인 태도와 행동을 취하도록 내부 분위기를 조성할 필요가 있다.

직무 수행에 필요한 기술과 지식뿐만 아니라 사교적이고 남을 배려할 줄 아는 서비스 성향이 강한 사람들을 채용하여, 양질의 서비스 제공에 필요한 전문기술교육과 대인관계 교육으로 이들을 훈련시키고 자질을 개발해야 한다. 또한 이들에게 규정의 한계를 벗어나지 않는 선에서 유연하게 대처하도록 권한을 부여하고, 고객 지향적인 내부 지원 시스템을 구축하여 서비스 지향성을 강화해야 한다.

우수한 인력의 유출을 막기 위한 노력도 병행되어야 한다. 우수한 직원의 승진과 보상은 물론이고 직원의 만족도를 정기적으로 조사하여 인사정책에 반영하여야 한다. 직원이 조직의 비전을 이해하고 공감해야 조직에 대한 관심과 애착이 커지므로 참여의식을 높이는 프로그램을 개발하여 활용하는 것이 바람직하다.

② 외부고객 관리

외부고객에는 고정고객, 신규고객, 휴면고객, 잠재고객, 떠돌이 고객 등 다양한 종류의 고객들이 포함되지만 모든 외부고객을 고객관리의 대상으로 삼을 수는 없다. 목표 고객층을 정하지 않고 모든 외부고객을 관리하겠다고 나서는 것은 고객관리를 제대로 이해하지 못하고 하는 말이다. 우선 외부고객의 종류를 분류하고 성격을 파악한 다음 관리할 고객의 범주를 정하고 이들을 어떻게 관리할 것인지 계획을 세워야 한다.

▸ 외부고객 대상의 고객관리 단계별 행동 전략

· 1단계 : 고객분석 및 홍보

- 고객을 확보하기 위한 다각적인 노력을 기울인다.
- 시장을 세분화한 다음 목표로 삼은 시장과 고객의 성격, 취향을 분석한다.
- 선택한 시장의 특성에 따라 최적의 환경을 만든다.
- 고객의 취향을 고려한 적절한 광고와 홍보를 활용한다.
- 이벤트를 기획하여 잠재고객층을 흡수한다.
- 가능한 선에서 가격 메리트를 부여하여 고객의 선택 욕구를 자극하라.

· 2단계 : 환경 조성

- 효과적으로 고객을 맞이할 수 있는 환경을 만든다.
- 업무시간, 휴무 등 고객이 필요로 하는 정보를 제공한다.
- 진열장, 대기실, 관리실 등 시설의 적절한 배치로 편리성과 효율성을 증대시

킨다.

- 분위기에 어울리는 장식, 홍보자료 배치, 실내 이벤트 실시 등 시각적 효과도 고려한다.

· **3단계 : 서비스 만족도 점검**

- 재방문 고객의 서비스 만족도를 점검한다.
- 전에 받은 서비스에 대한 고객의 느낌이나 지적사항을 확인한다.
- 개선할 내용이나 특별히 원하는 바가 확인되면 이를 즉시 시술과 서비스에 반영한다.
- 불만 사항과 불평 행동에 대해 자세히 기록하고 원인을 파악하여 재발하지 않도록 관리한다.

· **4단계 : 상담**

- 상담은 고객이 진정으로 원하는 바를 파악하는 고객관리의 핵심이다.
- 미용 및 패션 관련 잡지, 칼라 차트, 두피 모발 진단기 등 상담에 필요한 자료와 도구를 비치한다.
- 고객이 과하거나 불가능한 서비스를 요구하는 경우 (고객의 요청이 과한 이유), 서비스가 불가능한 이유를 구체적으로 설명하여 이해시키고 대안을 제시한다.
- 이익을 더 얻겠다고 고객이 필요로 하지 않는 서비스를 권유하거나 강요해서는 안 된다.
- 고객이 이해할 수 있도록 자세하게 설명하고 가능한 한 쉬운 말을 사용한다.
- 상담 기술은 전문영역에 속하는 것이므로 연구하고 노력하여 전문성을 갖춰야 한다.

· **5단계 : 시술 및 관리**

- 시술 및 관리, 스타일링
- 고객에게 제공해야 할 핵심 부분이므로 최선을 다해야 한다.
- 품질 좋은 도구와 재료를 사용하고 청결한 상태를 유지한다.
- 시술 중에도 고객과 의사소통을 충실히 하여 혹시라도 있을지 모르는 오해나

실수를 방지한다.

- 고객의 외관이나 표현에서 불편해하는 기미가 보이면 반드시 확인하여 조치해야 한다.

· **6단계 : 만족도 체크**

- 시술 결과에 대한 만족도를 체크하고 손질 방법을 알려준다.
- 시술 결과에 대해 고객이 만족하는지 확인한다.
- 부족한 점이나 불만스러워하는 부분이 있으면 즉시 시정한다.
- 고객이 집에서 어떻게 사후관리를 해야 하는지에 대해 조언하는 시간을 갖는다.
- 사후관리에 만족한 고객의 미용샵의 신뢰도는 시술 자체의 만족도 못지않게 높다.
- 기술 부족 때문에 발생한 시술 불만에 대해서는 솔직하게 인정하고 사과하라.
- 재발 방지를 위해 기술을 익혀야 한다.

· **7단계 : 지불**

- 지불(서비스 요금의 계산)
- 받은 돈의 액수를 확인하고 거스름돈을 줄 때 액수를 확인하여 돈과 관련된 사고를 사전에 방지하라.
- 공손하게 두 손으로 받고 거스름돈은 가능한 한 깨끗한 지폐로 준다.
- 신용카드를 사용할 수 있도록 편의를 제공해야 한다.
- 패키지 가격을 제시하여 고객의 비용부담을 줄여주는 것도 좋은 관리 수단이다.

· **8단계 : 사후관리**

- 사후관리
- 광고, 전화, DM(편지, 카드) 등의 수단을 이용해 지속적으로 고객관리를 한다.
- 고객은 지속적인 관심과 애정에 민감하게 반응한다.
- 불만 사항이 확인되면 시정 의지를 밝혀 재방문 분위기를 만든다.

외부고객 관리 단계별 행동 전략	
1단계: 고객 분석, 홍보	2단계: 환경 조성
3단계: 서비스 만족도 점검	4단계: 상담
5단계: 시술 및 관리	6단계: 만족도 체크
7단계: 요금 계산	8단계: 사후관리

(3) 미용샵 고객관리 비법과 철칙

① 여성의 미묘한 심리를 이해하라.

미용샵 고객은 대부분 여성이므로, 여성의 심리와 행동양식을 잘 알아야 한다. 고객이 원하는 바를 빨리 파악하고 어떻게 만족시킬 것인가를 생각하라. 고객의 의도를 정확히 이해하고 인정하는 마음가짐을 가져라.

② 고객은 자기 말을 잘 들어주는 사람을 찾는다.

고객과 인사한 다음 말을 걸어 고객이 자연스럽게 말을 할 수 있게 분위기를 조성한다. 고객이 말을 할 때 말꼬리를 자르거나 다른 내용의 대화를 유도하지 말라. 하고 싶은 말을 충분히 하도록 시간 여유를 두고 적절한 호흡에서 맞장구를 쳐준다. 고객의 말을 되풀이하면서 맞장구를 쳐주면 제대로 듣고 이해한다는 사실을 알리는 효과를, 즉 고객의 신뢰를 얻게 된다.

③ 커뮤니케이션 능력을 키운다.

상대방의 마음을 열게 하는 요소들 가운데 말이 7%, 목소리가 30%, 얼굴표정이 55%의 비중을 차지한다는 통계가 있다. 목소리 톤이나 표정의 비중이 매우 높다는 점을 잊지 말고 고객과 대화할 때 표정 관리에도 신경을 써야 한다.

④ 반드시 지켜야 할 철칙 세 가지

· 고객을 차별대우하지 마라.
· 고객 앞에서 숙덕거리지 마라.
· 약속 시간 5분 전에 준비를 마치고 대기하라

(4) 고객관리 수단

고객의 욕구를 최대한 만족시켜 이익을 창출하는 고객 만족 경영은 고객을 확보하고 확보한 고객을 체계적으로 관리하는 것을 전제로 한다. 이러한 고객 확보와 체계적 관리를 위해서는 마케팅 도구가 필요하다.

기본적인 마케팅 도구로는 광고, 판촉, 홍보, 이벤트가 있으며, 보조적인 역할을 하는 수단으로는 구전과 PR이 있다.

① 광고와 판촉

TV 광고, 라디오 광고, 신문 잡지 광고는 파급효과가 큰 편이나 비용이 많이 들고, 교통 매체와 옥외매체를 이용한 광고는 지역적 성격이 강한 반면 자세한 설명이 불가능하다. DM(직송 우편 광고)은 선택 대상에게 전달되는 강점이 있으나 고객의 명단과 주소를 확보하기 힘들며, 전단 배포는 설득력이 강한 편이지만 쓰레기통으로 들어가 버리는 경우도 많다.

② 홍보

사보, 책자, 소식지 배포를 통해 정보를 전달하는 방식은 비용이 많이 들고 제작부담이 있다. 헤어, 네일, 페이스페인팅 시범 등의 초청행사는 호기심과 흥미를 유발하는 장점이 있지만, 기술력 유무가 관건이다. 회원제 조직 및 고객 카드, 마일리지 카드 제작은 제작 및 유지비용을 고려해야 한다.

③ 이벤트

개업 및 기념 명목의 이벤트와 사은품 지급 등으로 신규고객을 창출하고 고정고객을 확보할 수 있다. 지역행사를 개최하거나 협찬하여 인지도를 높이고, 바겐세일, 조인트 행사로 고객의 관심을 끌기도 한다.

④ 구전

구전이 라디오 광고의 2배, 신문 잡지 광고의 7배에 달하는 놀라운 효력을 발휘한다는 연구 결과가 있을 정도로 구전의 영향력은 아주 강력한데, 그 이유는 경험에 바탕을 둔 생생한 정보를 어느 정도 과장되게 포장하여 전달하는 구전의 특성 때문이다. 특히 객관적으로 평가하기 힘들며 가시성이 뛰어난 제품이나 서비스의 경우에 그 위력은 더욱 강해진다. 그러나 구전은 고객관리, 고객 만족의 결과로 나타나기 때문에 일차적인 마케팅 수단이 될 수는 없다.

마케팅 도구를 이용해 확보한 고객을 관리하는 대표적인 수단으로는 고객 정보의 데이터베이스화와 마일리지제도 운영을 들 수 있다.

⑤ 고객의 정보를 데이터베이스에 담아 분류한다.

상담하는 동안에 확보한 고객에 관한 정보와 자료를 활용하여 고객의 상태를 기준에 따라 분류하고 분류 등급에 따라 혜택과 서비스 수준을 달리하는 리스트를 작성한다.

매출과 이용 횟수, 회원가입 연한 및 실적을 기준으로 최우수고객, 우수고객, 일반고객, 신규고객, 잠재고객, 이탈고객 등급으로 분류하고 등급에 따라 할인 우대, 연말 기념일 선물, 행사 초대 등의 혜택과 서비스를 제공하는 프로그램을 운영한다.

⑥ 마일리지 카드를 제작하여 고객에게 배포한다.

신규고객이나 잠재고객을 중장기 고정고객으로 유도하기 위한 수단으로 지불액수와 방문 횟수를 기준으로 삼아 마일리지를 제공한다. 적립된 마일리지에 따라 고객에게 도움이 되는 정보나 사은품 등을 제공하여 지속적인 관계를 유지한다.

2) 고객 상담

상담은 내방자와 상담자가 심리적으로 협조하여 내방자 개인의 변화를 초래하는 행위로 정의할 수 있으며, 내방자 개인의 성장과 변화에 도움이 되는 것을 목표로 한다. 상담을 통해 필요한 지식과 판단력, 생활의 지침과 활력소를 얻기도 하고 물리적인 이익을 얻을 수도 있다.

상담의 목적과 성격이 상호 협조를 통한 발전적인 결과에 있으므로 고객에게 신뢰감을 줄 수 있는 태도와 행동이 상담자의 바람직한 상이다. 해당 분야의 전문가로서 상담에 필요한 식견과 기술을 갖춰야 할 뿐 아니라 성실하고 진지한 태도로 고객을 대해야 한다. 고객의 방문 목적과 동기, 성격 등 상담에 필요한 정보를 정확하고 신속하게 확보하기 위해 적절한 질문 응답 패턴을 개발하여 활용하는 게 좋다. 물론 고객의 현재 상태에 대한 이해와 배려, 인적인 유대관계를 바탕으로 삼아야 하고, 고객이 궁금해하는 항목은 자세한 설명으로 이해시켜야 한다.

(1) 미용샵의 상담

미용샵에서의 상담은 시술자가 더 나은 기술과 서비스를 제공하기 위해 방문 고객의 상황을 파악하고 탐색하는 시술 과정의 한 단계이자 서비스의 일종이라 할 수 있다. 시술자는 시술하기 전에 고객이 무엇을 원하는지 파악하고 고객이 알고자 하는 것에 대해 자세히 설명해주고 고객이 원하는 서비스가 불가능할 경우 그 이유를 납득시켜야 한다. 이러한 과정을 거쳐 실행 가능한 서비스를 제안하고 시술 결과가 만족스럽지 못할 경우 대처방안을 찾아야 한다. 올바르고 정확한 상담이 선행되지 않을 경우 고객이 충분한 만족을 얻지 못할 가능성이 크다. 따라서 미용 종사자들은 상담의 중요성을 인식하고 상담기법을 제대로 익혀야 한다. 상담을 통해 얻은 고객에 대한 정보를 활용해 고객관리를 할 수 있고 상담 중에 고객의 입을 통해 드러나는 미용샵의 장점을 살리고 단점을 개선 보완하여 더 나은 입지를 확보할 수 있다. 상담에 사용하는 고객 카드는 미용샵의 귀중한 자산이므로 보기 쉽고 알기 쉽게 기록하여 보관하여야 한다.

미용 상담은 시술 전후 관계를 기준으로 했을 때 사전상담과 시술 중 상담, 사후 상담으로 분류할 수 있다.

① **사전상담:** 방문 고객과 시술 전에 하는 상담이다. 소요 시간, 비용, 자신에게 적합한 시술이 어떤 것인지 등등 고객의 의문점이나 궁금한 점에 대해 정확한 지식과 정보를 제공하여 신뢰를 키우고 고객의 불안감을 해소하는 기능을 한다. 사전상담은 시술 후에 발생할지 모르는 문제점을 최소화하기 위해서도 꼭 필요

한 절차이다.

② **시술 중 상담:** 고객이 선택한 시술에 대해 미리 알 수 없고 원하는 스타일에 대해서도 확신할 수 없다는 점 때문에 확인 및 수정을 위해 필요한 과정이다. 시술 중에도 상담을 통해 고객이 원하는 바를 좀 더 구체화해야 하고 고객에게 더 어울리는 스타일을 제시하여야 한다.

③ **사후 상담:** 귀가 후에 쉽게 관리하는 방법을 알려준다거나 다음 방문 시기를 정해주는 등 시술 상태에 대한 점검 및 사후관리 차원의 상담이다.

미용샵에서는 일반적으로 상담이 끝난 다음 고객이 시술받겠다고 하면 고객 카드를 작성한다. 고객 카드를 작성하는 이유는 고객과 관련된 시술 및 서비스 내용에 대한 정확성을 기하자는 목적과 고객의 개인적인 특성 때문에 발생할지 모르는 부작용 방지 및 트러블 가능성 있는 제품 사용 방지에 있다. 물론 고객의 재방문 시 상담 자료로 활용하거나 사후관리, 광고물 발송에 이용할 수도 있다. 시술 결과에 만족한 고객이 원하는 경우 같은 방법을 적용하면 된다는 이점도 있다.

고객 카드를 작성할 때는 성명, 나이, 주소, 전화번호 등의 인적 사항을 비롯해 얼굴 형태, 모발과 피부의 타입 및 상태, 색상, 이전에 발생했던 알레르기 반응 및 테스트 결과를 기입하고, 시술을 마친 다음에는 시술 시 사용한 제품 및 시술 내용, 특기 사항을 반드시 기록하여야 한다.

(2) 상담기법과 유의사항

① 고객이 원하는 스타일을 확인하라.

② 고객의 라이프스타일을 고려하라.

③ 고객에게 맞는 스타일을 제안하라.

④ 고객에게 올바른 정보를 제시하고 고객이 선택하게 하라.

⑤ 질환이나 문제점이 드러나면 적절한 조치를 취하라.

⑥ 시술에 따른 위험성과 주의사항을 분명히 알려라.

⑦ 고객의 단점을 직설적으로 지적하지 마라. 우회적으로 표현하면서 단점을 극복하는 시술 방법을 제안하는 게 좋다.

⑧ 불가능하거나 결과적으로 좋아 보이지 않는 것을 원하는 고객에게는 불가능한 이유를 설명하고 대안을 제시하는 게 바람직하다.

⑨ 이유가 있을지도 모르니 고객의 관리 잘못을 지적하지 마라.

CHAPTER 03

미용서비스의 기본자세

1. 취업준비 에티켓
2. 직장예절
3. 표정관리
4. 서비스인의 외모
5. 기본자세와 동작

1

취업 준비 에티켓

직장생활을 위한 출발점은 취업을 위한 준비 단계부터라 할 수 있다. 취업을 위해 나를 소개하고 면접을 보는 모든 사항도 직장생활을 위한 기초가 된다.

미용업에 있어서 지금까지 필기시험을 보고 직원을 채용하는 곳은 없다. 또한 신입사원 채용을 의뢰하는 원장님이나 인사관리 팀에서는 성적이 우수하고 미용 기술이 좋은 사람을 원한다는 곳보다 성실하고 예의가 바른 사람을 추천해 달라는 곳이 대부분이다. 취업을 위한 기본 관문인 이력서와 자기소개서 작성법, 그리고 추천 방식에서 가장 중요한 부분을 차지하는 면접에 관한 에티켓을 살펴보겠다.

1) 이력서

취업을 향한 첫걸음은 이력서 작성에서 시작한다. 이력서는 나를 대신 한 간략한 소개의 글과 대표 사진이다. 어느 누가 봐도 한눈에 알아볼 수 있도록 간결하고 깔끔하게 작성하고 좋은 인상을 줄 수 있는 단정하고 밝은 사진을 부착한다.

(1) 이력서 내용

① 사진

가장 먼저 시선이 가는 곳이다. 호감을 줄 수 있는 밝은 모습의 사진을 부착한다.

② 인적 사항

성명, 주민등록번호, 생년월일, 나이, 주소, 호주와의 관계 등을 써넣는다. 호주와의 관계는 호주 쪽에서 본 관계로 장남, 장녀, 차남, 제(弟), 매(妹), 손자(孫子), 본인 등으로 써넣는다.

③ 학력 및 경력 사항

고등학교부터 적는 것이 일반적이다. 경력은 입사와 퇴사, 담당업무까지 정확하게 써넣는다. 남자는 군 복무 사항을 해당 기간에 적는다.

④ 특기 및 자격·면허·상벌 사항

미용사 등의 국가가 공인한 자격증, 자동차 운전면허 등을 기입하고 취득일과 발령기관명을 써넣는다. 상벌은 교내외 수상 경력을 써넣으며 동아리 활동이나 봉사단체의 활동도 적는다.

⑤ 기타사항

위 내용이 사실과 틀림없음이라고 쓰고 날짜, 성명을 쓰고 서명한다.

(2) 이력서 작성 요령

① 간단·명료하게 쓴다.

보는 사람이 한눈에 알아볼 수 있도록 기재한다.

② 솔직하게 쓴다.

직장에서는 성실하고 솔직한 사람을 원한다. 허위사항을 적거나 과장이 있으면 신뢰성을 느낄 수 없다. 자신의 신상을 솔직히 기록한다.

③ 정성 들여 깨끗이 쓴다.

대부분 컴퓨터로 작성하여 출력한다. 꼭 필요한 경우에는 한자나 영어를 사용하고, 이 경우 오자나 탈자가 없도록 주의한다. 수기로 작성한 경우 잘못 적은 부분을 수정액이나 수정 테이프를 사용해 고치지 않고 새 종이에 다시 쓴다.

④ 연대순으로 쓴다.

진행된 날짜순으로 기록한다. 정확한 날짜까지 기록하면 더 좋다. 항목별로 진행된 연대순으로 써넣는다.

⑤ 응시하는 직장 위주로 작성한다.

응시직장이나 업무와 관련된 연구업적 및 아르바이트, 상벌, 외국어, 사회활동 등 자신에게 유리한 사항들을 기록한다.

⑥ 연락처를 명기한다.

이력서상의 주소와 현 주거지가 다른 경우 직접 연락이 가능한 주소나 전화번호 등을 이력서 오른쪽 위에 적기도 한다.

<table>
<tr><td rowspan="3">사 진</td><td colspan="4">이 력 서</td></tr>
<tr><td>성 명</td><td>박 미 소 (인)</td><td colspan="2">주 민 등 록 번 호
</td></tr>
<tr><td>생년
월일</td><td colspan="3">0000년 0월 0일생 (만 00세)</td></tr>
<tr><td>주 소</td><td colspan="4">충북 청주시 상당구 복대1동 삼일 아파트 721동 2003호</td></tr>
<tr><td rowspan="2">연 락 처</td><td>집</td><td>043-836-3990</td><td rowspan="2">전 자 우 편</td><td rowspan="2">misopark@hanmail.net</td></tr>
<tr><td>핸드폰</td><td>010-7474-5454</td></tr>
<tr><td>호적관계</td><td>호주와의
관계</td><td>자녀</td><td>호 주 성 명</td><td>박 근 엄</td></tr>
</table>

년	월	일	**학 력 및 경 력 사 항**	**발 령 청**
21	02	16	청주 대성여자상업고등학교 졸업	
22	03	02	충청대학 미용예술과 입학	
24	02		충청대학 미용예술과 졸업 예정	
			(자격 · 경력사항)	
21	03	13	미용사(메이크업)	한국산업인력공단
21	11	19	2021년 F/W 메이크업 트랜드 세미나	(주) 아모레퍼시픽
22	03	09	서비스경영 자격 3급(SMAT)	KPC
22	09	22	자동차 운전 1종 보통 면허	충북지방경찰청
22	06	29	미용사(일반)	한국산업인력공단
			(특기사항)	
21	09	08	청주 예술의 전당 "신의 아그네스" 연극 분장 담당	극단 새벽

22	11	11	“모델선발대회” 메이크업 팀 작업 참여	충청일보 주최
			(상벌사항)	
21	9	00	충청대학 미용예술과 학업우수장학금 수상	
22	3	00	충청대학 미용예술과 교수추천장학금 수상	
			위 기재 사항은 사실과 다름이 없음.	
			2023. 00. 00	
			박 미 소 (인)	

2) 자기소개서

자기 소개서는 이력서에서 간략하게 명시된 사항으로는 파악할 수 없는 대인관계나 조직에 대한 적응력, 경력, 성격 등 개인의 구체적인 정보와 성장 과정을 채용 기업에 소개하는 글이다. 본인의 입장에서는 그 지원사에 자신이 적합하다는 것을 피력하는 글이고, 기업의 입장에서는 회사가 필요로 하는 사람인지를 판단할 수 있는 근거자료가 될 수 있는 글이다.

(1) 자기소개서 내용

① 출생 및 성장 과정

고향의 특징이나 분위기, 고향에 대해 인상 깊었던 것들을 쓴다. 부모의 생존 여부나 직업, 성품, 가훈이나 집안의 분위기, 어린 시절의 에피소드, 가족관계에 얽힌 이야기, 어린 시절에 가졌던 호기심이나 문제의식 등을 관심 분야와 연결 지어 기술하면 좋다.

② 성격 소개

자신의 단점도 솔직히 적되 단점을 극복하기 위해 자신이 하는 노력도 같이 기술한다. 장점 부분을 최대한 부각하여 강조한다. '적극적이다' 등의 단정적인 표현보다는 교우관계나 가족관계 등과 연결 지어 표현하는 것이 좋다.

③ 학교생활 및 사회·봉사활동, 연수, 여행 경험 등

전공이나 활동했던 분야에 관해 지원하는 직종과 연관성을 찾으면서 구체적으로 기술한다. 학창 시절 형성된 인생관이나 학문에 관한 관심 등도 적는다. 취미나 교우관계, 경력자의 경우는 전 직장에서의 동료관계 등을 쓰면 좋다.

④ 지원 동기 및 입사 후 희망 업무나 포부

왜 이 회사에 지원했나를 설명한다. 지원 동기나 사명감이 없이 입사하면 입사

후 방황하거나 큰 성과를 내기 힘든 경우가 발생한다. 신중히 자신의 포부와 희망 여부를 생각하고 솔직하게 기술하여 자기 능력에 맞는 분야에서 일할 수 있도록 한다. 거창하고 추상적인 표현보다는 지원하는 회사의 환경에 대한 좀 더 구체적인 지식을 찾아서 자신의 입장과 연결 지어 강한 의지를 나타낸다.

(2) 자기소개서 요령

① 기본적인 내용은 꼭 포함한다.

성장배경, 성격, 교육, 지원 동기, 포부 등 자신을 알리는데 필요한 사항은 꼭 포함하고 차후에 개성 있고 독특한 방식을 생각한다.

② 객관적인 서술을 한다.

보는 사람을 위해 쓰는 글이므로 자신이 좋아하는 소재나 단어에 얽매이지 말고 타인을 이해시키는데 필요한 어휘나 소재를 선택한다. 자신의 주장에 대한 주관적이고 배타적인 시각이나 표현은 삼가고 거부감이 들지 않는 상식적인 선에서 쓴다.

③ 구체적으로 쓴다.

'성격이 원만하다. 다양한 경험을 했다.' 등의 막연하고 일반적인 문구나 화려하게 꾸미는 문구는 자제한다. 구체적인 문구나 예를 들어 작성하는 것이 훨씬 효과적이다.

④ 한자어나 외래어의 사용에 주의한다.

한자나 외래어를 써야만 하는 상황에서는 자신이 확신하는 것을 사용하고 나머지는 확인한 후 사용한다. 뜻이 빠르게 전달될 수 있는 반면 잘못 사용하면 사용하지 않은 것만 못한 효과를 낼 수 있다.

⑤ 표현 문장은 일관성 있게 한다.

호칭이나 존칭어, 종결어미 등은 일관성 있게 사용한다. 〈나는 ...〉과 〈저는 ...〉을 같이 사용하거나, 〈...이다〉와 〈...입니다〉를 혼용하여 사용하지 않는다.

⑥ 오자나 탈자 및 어색한 문장이 없도록 한다.

기본적 단어나 어휘를 잘못 썼거나 적절치 못한 표현을 한 경우 읽는 동안 글에 대한 신뢰도가 떨어진다. 또한 그 사람의 성실성이나 침착성에도 흠이 생기게 되면 크게는 능력을 의심받을 수도 있다. 바르고 정확한 글자와 표현에 유의하며, 반복해서 살피면서 수정을 하도록 한다.

3) 면접

면접은 나를 보여 주고 나에 대한 평가를 통해 원하는 일을 쟁취한다는 점에서 매우 중요하다. 짧은 만남 동안 면접관은 응시자의 인상과 인간 됨됨이는 물론 잠재적 능력, 업무 능력, 사고력, 책임감, 사회성 등 일을 위해 필요한 전반적인 사항을 살피게 된다. 최근에는 필기시험보다 면접시험을 통한 인물평가에 더 큰 비중을 두는 경향이 두드러졌고, 지도교수의 추천을 받아 면접을 통해 직원을 선발하는 분야도 많이 있다. 직업 결정에 있어서 최종적인 관문인 이 과정을 잘 볼 수 있도록 응시자는 사전에 충분한 준비와 노력을 기울여야만 한다.

(1) 면접 기술

① 첫인상이 중요하다.

면접관도 사람이므로 아무리 객관성을 갖고 지원자를 평가한다고 하나 첫인상에 따라 다음 답변에 대한 호감도가 달라지는 것은 어쩔 수 없다. 첫인상이 당락의 50%를 차지한다고 한다. 첫인상을 형성하는 것으로는 체격, 체형, 건강 상태, 얼굴 특징, 머리모양, 의복의 형태, 화장 정도, 안경, 체취 등 그 사람의 외모의 비중이 가장 크며, 면접관들이 좋아하는 이미지는 온화하고 성실한 이미지이다. 특히 여성은 섹시함, 화려함보다는 깨끗하고 신선한 느낌에, 남성은 카리스마보다는 깔끔한 이미지에 더 비중을 두어야 한다. 웃는 얼굴을 보고 기분 나빠하는 사람은 없다.

② 긴장을 풀고 편안한 분위기를 연출한다.

대화할 때 상대방의 표정을 읽고 일의 성사 여부를 가리는 것이 일반적이다. 시험을 앞두고 긴장하지 않는 사람은 없다. 면접관도 응시자들이 긴장한다는 점을 이미 알고 있다. 면접에 들어가기 전 심호흡을 반복하여 긴장감을 최대한 조절한다. 빨리 대답하려 신경 쓰지 말고 오히려 평소보다 조금 천천히 말하고 질문을 받는 순간 약간 여유를 두고 말을 할 수 있는 정리의 시간을 가지면 훨씬 편안해진다.

③ 자신감을 보인다.

면접이란 자신에 관련된 부분이나 의견에 관한 질문이므로 면접 전에 자신의 가치관이나 인생의 목표 등 예상 질문을 미리 정리해보면 훨씬 더 자신 있게 답할 수 있다. 또렷한 말투와 예의 바른 태도로 젊은이다운 신선한 이미지를 줄 수 있도록 한다. 작은 목소리로 우물쭈물하거나 불안한 듯 두 손을 비벼대는 등의 행동을 하지 않는다.

④ 결론부터 말한다.

질문을 받았을 때 잠시 생각을 정리한 후 중요 점을 먼저 짧게 말한 후 그 이유나 부연 설명을 하는 것이 좋다. 길게 설명하다 보면 자신의 소신이나 의견을 면접관에게 정확히 전달하지 못하거나 산만한 사람. 능력이 떨어지는 사람으로 보일 수 있다.

⑤ 독창성 있는 답변을 준비한다.

면접관들은 같은 면접에서는 거의 비슷한 질문을 각 응시자에게 하게 된다. 일반적인 흔한 답변보다는 특별한 인상을 남길 수 있는 자신만의 독창적인 답변을 하면 좋다. 질문과 연결 지을 수 있는 자기 경험이나 평소 생각 등을 말한다. 동아리 활동이라든가 아르바이트 경험, 봉사활동 경험 등 자신만이 했던 경험을 이야기하게 되면 자연스럽게 자신의 다양한 이력을 알릴 기회도 되고 편안하게 답변을 이끌어나갈 수도 있게 된다.

⑥ 지망하는 직장에 대해 사전에 연구한다.

평소 회사에 대한 이미지는 어떠했나? 주요 제품을 알고 있느냐? 그 제품을 써 보았는지? 등의 질문을 할 수 있으므로 자기가 지원하는 곳에 대해 사전 지식을 갖도록 한다. 인터넷이나 광고물, 입사 안내서, 선배나 동료 등으로부터 관련 사항을 조사해 간다. 미용샵의 경우에는 조금 일찍 도착해 주변 환경을 살펴보거나 선배나 주변분 들의 소견 등을 통해서도 알 수 있다.

⑦ 지망 직종에 관해 연구한다.

그 직종에 대한 정보를 정확하게 수집해서 연구하고 있다는 것은 그만큼 취직에 대한 마음가짐이 되어 있고, 또 열의가 있다는 증거로 보여질 수 있다. 본인이 그 분야를 통해 이루고 싶은 포부나 해보고 싶은 파트는 어떤 것이었는지 등 차분히 정리해 본다.

(2) 면접 주의사항

① 지각하지 않는다.

아무리 철저하게 준비했어도 지각을 하게 되면 실력 발휘를 할 기회도 얻지 못하거나 면접관에게도 좋지 못한 인상을 주게 되어 실패하게 된다. 본인 자신도 당황하여 주어진 답변조차 하지 못하는 최악의 경우까지 발생할 수 있으므로 지각은 절대 하지 않아야 한다.

② 앉으라는 지시가 있을 때까지 기다린다.

면접실에 들어가 곧바로 응시자용 의자에 착석하지 않는다. 가볍게 목례를 하고 나서 면접관이 지시하면 그때 앉는다.

③ 복장 단정하게 한다.

면접관 앞에서 어색함을 없애기 위해 옷을 만지작거리거나 머리를 쓸어 올리는 등 불필요한 행동은 산만해 보일 수 있다. 또한 깔끔하고 단정한 옷차림은 좋은 이미지를 줄 수 있는 큰 요소이다.

④ 또박또박 답변한다.

자신 있는 질문도 지나치게 빨리 말하지 않고, 잘 모르는 질문은 우물쭈물하지 말고 〈잘 모르겠습니다〉라고 분명히 말한다. 시종일관 차분한 말투로 정확하게 답변한다.

⑤ 시선을 다른 곳으로 돌리지 않는다.

면접관을 자연스럽게 바라보며 경청하거나 바른 자세로 답변한다. 낯선 곳을 살피듯이 두리번거리면 주의력이 없어 보이고 주관이 없고 소심해 보인다.

⑥ 간결하고 편안하게 말한다.

많은 수식어를 쓰거나 길게 문장을 늘리면 자신의 의견을 정확히 전달할 수 없을 뿐만 아니라 업무처리도 깔끔하지 않을 것 같아 보인다. 또 가능하면 사투리는 피하고 표준어를 사용하는 것이 거부감을 덜 준다.

⑦ 답변하는 내용은 제출서류와 일치해야 한다.

이력서나 자기소개서에는 일관성 있게 기입하고, 제출한 서류의 사본을 가지고 면접 직전에 다시 한번 숙지한다. 면접관들은 응시자의 제출서류를 보면서 질문하는 것이 일반적이다. 합격의 욕심으로 거짓말이나 허풍은 삼간다.

⑧ 용모와 복장 (서비스 용모와 복장 편을 참고한다.)

깔끔한 인상과 신뢰감, 인간적인 호감을 줄 수 있는 차림이 가장 좋다. 또한 깨끗하고 신선한 이미지를 주는 것도 중요한다. 심각한 표정이나 의기소침한 표정은 좋지 않으며 가벼운 미소가 자연스럽게 보인다. 신선하며 발랄한 이미지를 좋아한다. 이제 막 사회생활을 하는 경우에는 학생다운 분위기, 젊은이다운 분위기가 손상되는 복장은 좋지 않다. 가벼운 캐쥬얼이나 청바지, 점퍼 등은 피한다. 기본 비즈니스 정장이 가장 무난하며 여성의 경우엔 너무 화려하지 않도록 조심한다. 메이크업 또한 진하거나 요란스럽지 않게 하여 직장 여성으로서의 단정함과 성실한 능력을 갖춘 이미지를 강조한다.

(3) 면접 절차

① 대기실

면접은 대기실부터 시작된다고 할 수 있다. 담당 직원이 없을 때라도 회사 측 사람들이 보고 있으므로 언행을 조심한다. 조용하게 기다리면서 마음을 가다듬고 최종적으로 복장을 점검하는 등 정중하고 조심스럽게 행동한다.

② 호출

이름을 부르면 정확히 대답하고 안내를 따라 면접실로 가거나 면접실 앞에서 문을 두세 번 두드려 노크하고 응답이 있으면 문을 열고 들어간다.

③ 면접실

조용히 문을 닫고 면접관을 향해 가볍게 목례한다. 지시하는 자리로 가서 정식으로 인사하면서 〈ooo번, 000입니다〉라고 본인의 수험번호나 성명을 말한 후 바른 자세로 조용히 앉는다. 소지품이나 핸드백은 무릎 위에 놓지 않고 의자 오른쪽 아래나 옆 의자에 놓는다. 시선은 면접위원의 가슴 정도를 보며 가볍게 미소를 띤다. 먼저 이력서와 자기소개서를 보내지 않은 상황이면 손수 지참을 해 간다. 서류를 가져오라는 지시가 없었더라도 면접관 앞에 깨끗하고 정성 들여 쓴 서류를 놓으면 준비성 있고 정확한 사람으로 신뢰감을 더하여 준다.

④ 질문과 답변

밝은 표정으로 면접관을 바라보며 끝까지 잘 듣는다. 질문이 끝남과 동시에 답변하지 않고 한 박자 정도 쉬면서 생각을 정리한 후 자신 있게 대답한다.

⑤ 퇴실

조용히 예의 바른 태도로 일어난다. 자세를 바로잡고 〈잘 부탁드립니다. 안녕히 계십시오〉 등으로 끝맺음 인사말과 함께 정중하게 인사한다. 2~3보 뒷걸음 후 뒤로 돌아 걷는다. 문 앞에서 다시 면접관을 향해 가볍게 목례를 하고 돌아서 나온다. 문은 조용히 닫는다. 면접에 집중한 나머지 끝이 났다는 안도감으로 문을 '꽝' 닫는 경우가 발생하므로 조심한다.

(4) 미용 서비스 면접 예상 문제

미용인들은 주로 인맥을 통하여 입사하는 경우가 많았다. 지금까지는 제품회사나 교수, 학교 선후배 등의 추천으로 취업이 이루어졌던 것이 사실이지만 근래 들어 헤드헌터를 두고 입사 시험을 치르는 화장품회사들이 생겨나고 있다. 물론 추천을 통한 경우에도 간단한 면접의 과정은 필수적이므로 소신 있고 성실한 답변을 통해 나의 평가를 한 단계 높일 수 있도록 노력해야 한다. 미용에 관련된 자주 나오는 예상 문제를 보고 자신의 입장에서 답변해 보도록 하자.

■ **면접에서 자주 나오는 질문**

· 자기소개해보세요.
· 본인 성격의 장단점을 말해보세요.
· 취미가 무엇입니까? 특기는 무엇입니까?
· 자기 PR을 해보세요.
· 오늘 아침에는 어떤 생각을 하면서 왔지요?
· 생활신조는 무엇입니까?
· 어떤 타입의 사람과 잘 못 지내는 편인가요?
· 최근에 감명 깊게 읽은 책을 소개하세요.
· 최근에 가장 기억에 남는 영화는 무엇입니까?
· 지금까지 살면서 가장 기뻤던 일은 무엇입니까?
· 지금까지 살면서 가장 슬펐던 일은 무엇입니까?
· 미용인이 되면 가장 하고 싶은 일이 무엇인가요?
· 상사나 원장님이 어려운 일을 시킨다면 어떤 식으로 대처할 것인가요?
· 서비스란 무엇이라고 생각하나요?
· 학생과 직장인의 차이는 무엇이라고 생각하나요?
· 첫 월급을 타면 어디에 쓰겠습니까?
· 평소에 존경하는 분이나 삶의 멘토로 생각하는 분을 말해보세요.
· 바람직한 미용인의 상은 무엇이라고 생각하나요?
· 왜 미용인이 되고 싶으세요?
· 미용인은 어떤 사람이라고 생각하나요?
· 메이크업 아티스트 (피부 관리사, 네일 아티스트, 헤어 디자이너, 두피 관리사)의 연봉은 어느 정도가 적당하다고 생각합니까? 그 이유를 간단하게 말해보세요.
· 미용 일이 생각보다 힘든데 잘할 수 있는지요?
· 미용인이 되기 위해 무엇을 준비하였는지요?
· 미용 일은 아주 힘든 일인데 평소 체력관리는 어떻게 하는지 말씀해 주세요.
· 미용 서비스를 받으면서 만족스럽지 않았던 서비스가 있습니까?

2
직장예절

하루 8시간 혹은 그 이상의 시간을 직장에서 생활하는 미용인들에게 직장생활의 정도가 하루 대부분을 좌우하고 나아가 삶의 질을 결정한다고 볼 수 있다. 즉 직장 내에서 성취감이나 보람을 느끼기도 하고 지친 피로감이 쌓이기도 하고 나아가 인생의 즐거움을 느끼기도 하고 하루하루가 힘들게 느껴지기도 한다. 이런 중요한 직장생활을 잘 할 수 있는 성공비결을 분석하면 일반적으로 바른 예절과 행동이 93%, 나머지 7% 정도가 능력이라고 한다. 또한 직장에서 함께 일하고 싶은 동료로는 매사에 솔선수범하는 사람, 인간성 좋은 사람 등이지 업무 능력이 뛰어난 사람이라고 답하는 사람은 거의 없다. 미용 서비스의 대상이 물질이 아닌 고객 즉 사람임을 고려하면 바르고 예의 바른 행동의 중요성은 더욱 크다고 할 수 있다. 그러므로 미용인의 성공적 직장생활을 위한 기본적인 예절에 대해 살펴보겠다.

1) 바른 직업관

(1) 직업이란?

사람이 하는 일 모두를 직업이라고 하지 않는다. 직업(職業)이란 단어의 뜻을 살펴보면 직(職)은 직분, 직책 또는 벼슬이란 뜻과 '맡는다'는 뜻이 있고, 업(業)은 일 또는 '업으로 삼다'는 뜻을 지니고 있다. 즉 내가 그냥 하는 일이 아니라 내가 생업으로 맡은 일로서 이를 통해 사회와 국가에 이바지하고 하늘이 준 사명으로 여겨 책임과 의무를 다하는 그런 일을 말한다.

(2) 직업의 의미

① 수고한 일에 대한 대가로서 받는 경제적인 보수가 있다.

내가 하고 싶어 하는 봉사활동이나 취미 생활을 위한 일에는 경제적인 대가가 따라오지 않는다. 직업적으로 한 일에는 반드시 그 보상이 경제적으로 돌아온다.

② 일정 기간 계속해서 일한다는 의미가 내포되어 있다.

하루 잠깐 하는 일이나 한 달 동안 하는 아르바이트와 같은 일시적인 기간이 주어진 일은 직업이 아니다. 어떤 조직 즉 직장에 소속되어 그만둘 기간을 정하지 않고 계속하여 상당 기간을 일하는 경우를 직업이라 한다. 요즘에는 직업을 가지고 일주일, 한 달도 채 안 되어 그만두는 경우가 있다. 직업에 대한 의미를 모르고 하는 행동이라고 볼 수 있다.

③ 직장에서 하는 일 그 자체가 자신의 생업이다.

미용 대학에 다니다 보면 약 한 달 정도 현장실습을 나가게 된다. 실습 현장이 피부 관리실이든 미용실이든 메이크업 샵이든 간에 그곳에서 일하는 직원 이상으로 온 힘을 다해 업무를 배우고 고객을 맡아 일을 했어도 직업이라 하지 않는다. 직업이란 그 일을 통해 나 또는 내가 책임지는 사람이 먹고 살아가는 원천적 수단, 즉 생업을 의미한다. 생업을 쉽게 생각하거나 포기하는 사람은 없다.

④ 반드시 노동행위가 포함되어 있다.

직업은 그것이 정신노동이든 육체노동이든, 이 두 가지를 다 포함하는 노동이든 간에 노동을 필요로 한다. 노동, 즉 일이 없는 직업이란 있을 수 없다. 직업을 가지고 있다는 것은 곧 일해야 한다는 의미이다.

(3) 직업의 가치

앞에서 언급한 직업의 중대한 의미 위에 또 다른 가치가 부여되어 이제 현대인들은 직업이 자신의 꿈과 인생 그 자체라는 인식을 하게 되었다. 직업은 생계유지라는 단순한 차원을 넘어서 여러 가지 가치를 추구할 수 있는 중요한 매체로서 그 의미가 확장되었다.

① 경제적 가치가 있다.

직업을 통한 경제적 대가는 본인과 그의 가족이 먹고사는 최소한의 생계유지뿐만 아니라 문화적 취향을 즐길 수 있고, 대인관계를 다양하게 본인이 원하는 방향으로 즐길 수 있으며, 좋아하는 것을 배울 수도 있는 등 무한한 경제적 가치를 지니고 있다.

② 사회적 가치가 있다.

맡은 직분과 직책을 훌륭히 수행했을 때 사회생활을 제대로 하였으며 국가 발전에 이바지했다고 할 수 있다. 직업을 통해 서로 영향을 주고받으며 사회적 집단에 소속감을 느끼기도 한다.

③ 자아실현의 가치가 있다.

사람은 누구나 목표가 있고 자기 나름의 만족감, 성취감을 맛보고자 노력한다. 직업적으로 하는 일이지만 일의 목표를 달성하면 보람이 있고 또 타인으로부터 부러움과 존경의 대상이 되기도 한다. 또 직장 내에서 직분이 오르거나 경제적 보수가 오를 때 사람은 희열을 느끼게 된다.

(4) 직업 윤리관

직업인은 직업을 통해 자아실현이나 자신의 목표와 같은 개인적인 가치를 추구하기도 하지만 직업을 통해 사회발전에 이바지하는 건전한 직업 윤리관을 지녀야 한다.

① 천직 의식을 갖는다.

직업인은 나 자신 개인이라는 의미보다는 조직을 구성하는 한 사람, 나아가 사회 전체를 구성하는 한 사회인, 더 나아가 국가를 이루는 국민 개인 한 사람임을 잊지 말아야 한다. 자신의 직업 안에서 성실히 맡은 바 책임을 다한 사람은 사회 발전과 국가 발전을 위해 그의 역할을 훌륭하게 수행한 것이다. 직업은 하늘이 주신 일, 하늘의 부름을 받아 바로 내가 맡은 일이라는 긍지를 가지고 성실히 수행해야 한다.

② 직업의식과 봉사 정신을 갖는다.

일정한 직업을 갖고 맡은 직분을 열심히 수행하는 것은 사회를 유지 발전시키는 기초이며, 이는 곧 사회에 대한 봉사라고 할 수 있다. 미용인의 경우 '나도 우리 집에선 무척 귀한 사람인데'라는 생각으로 고객에게 퉁명스럽게 서비스를 하는 사람도 있겠지만, 고객에 대한 철저한 서비스 정신을 지니고 맡은 파트에서 성실히 일하는 사람이야말로 훌륭한 미용인의 마음가짐, 철저한 직업의식을 지닌 사람이다. 이런 사람은 일에 대한 만족도뿐만 아니라 일의 효과도 훨씬 더 높일 수 있을 것이다.

③ 책임 의식과 전문의식을 갖는다.

직분에 맞는 역할을 충실히 수행해야 하며 맡은 일에 대해서는 책임 의식을 가져야 한다. 맡은 일의 효율성을 높이기 위해서 관련 전문지식을 쌓는 데 힘쓰고, 얻은 지식을 활용해 또 다른 분야를 탐색하고 연구 개발해 나가는 직업인이 바람직하다.

2) 직장에서의 바른 인사

(1) 직장에서는 적극적으로 인사한다. 〈고맙습니다〉, 〈미안합니다〉라는 말을 자주 한다. 먼저 인사하는 말 한마디가 나에 대한 호감도와 인지도를 높여준다.

(2) 출근 시에는 〈안녕하십니까? 좋은 아침입니다〉 같은 인사말과 활기찬 표정과 태도로 명랑하게 인사한다.
(3) 나중에 출근하는 윗사람에게는 일어서서 인사한다.
(4) 지각했을 때는 상사에게 겸손하고 분명하게 사과한 다음 지각한 사유를 말씀드린다.
(5) 퇴근 시간에는 수고와 위로의 인사를 주고받는다. 직장 동료가 아직 일을 끝내지 못한 경우 본인은 일이 끝났더라도 〈특별한 일이 없으면 먼저 퇴근해도 되겠습니까?〉 혹은 〈시키실 일은 없으신지요?〉 등의 질문으로 퇴근 의사를 분명히 밝히고 퇴근한다. 일에 방해가 되지 않게 하겠다고 슬며시 나가버린다면 나쁜 이미지를 남기는 것이다.

(6) 윗사람에게 〈수고하세요〉라는 인사말은 실례가 된다.
(7) 〈수고했어〉, 〈정말 잘했어〉 같은 윗사람의 칭찬은 많을수록 좋다. 아낌없는 칭찬과 격려는 듣는 사람의 의욕과 자발성을 키워준다.

3) 직장에서의 바른 인간관계

(1) 언제나 상냥하고 부드러운 미소를 띤다.
(2) 정중하고 정확한 표현을 한다. 예를 들어 잘 못 알아들었을 때 〈네?〉라고 되묻기보다는 〈죄송합니다만, 다시 한번 말씀해 주시겠습니까?〉라고 표현한다.
(3) 자기 자신의 부족한 면은 반성하고 상대방의 좋은 점은 칭찬하는 습관을 들인다.
(4) 상대방의 약점을 들추거나 제삼자에게 알리는 행동은 삼간다.
상하 동료에 관한 이야기를 다른 사람에게 해야 할 때는 장점만 말한다. 직장 내에서는 많은 소문이 떠돌게 된다. 남을 험담하면 반드시 되돌아오고 불화와 불신이 생기게 된다.
(5) 상대방의 의견을 존중하며 의견이 서로 맞지 않는다면 합리적이고 부드러운 방

법으로 설명하여 설득하거나 절충안을 찾는다. 자신의 의견이 받아들여지지 않더라도 채택된 의견에 승복하고 협력한다. 다음에 두고 보자는 식으로 마음속으로 꽁하고 개인적인 감정으로 쌓아두지 않는다.

(6) 성심을 다해 직장의 능률을 올리도록 나의 주어진 직분을 잘 지키도록 한다.

(7) 상대의 직분이나 처지를 이해할 수 있도록 입장을 바꿔 생각해 본다.

(8) 선배나 상사의 꾸지람에 불쾌해하지 않는다.

신입사원이나 스텝 시절 업무처리를 완벽하게 하지 못해서 상사나 선배로부터 꾸지람을 듣게 되면 속이 상하고 또 상대를 무척 미워하거나 적대감을 느끼기도 한다. 특히 일을 시작하고 몇 달이 안 돼서 그만두는 빈번한 사례 대부분은 직장 선배의 괴롭힘이라고 한다. 그러나 자신을 꾸짖는 것은 현재의 일이나 사람에 대한 불만이 아니라 나중에 잘 할 수 있기를 기대하는 마음과 서로 모르는 타인끼리 서로 이해해 나가는데 필요한 적응의 과정이라고 볼 수 있다. 시간이 흘러 서로 이해하고 상대의 능력을 인정할 때가 올 것이다.

(9) 윗사람은 솔선수범하도록 한다.

꾸지람하기보다는 자신이 먼저 바르게 말하고 행동하면 아랫사람은 저절로 따르게 된다. 꾸지람을 해야 할 경우는 개인적 감정을 자제하고 타인과 비교하지 않으며 둘만이 있는 장소나 상황을 만들어 이야기한다.

4) 직장에서의 바른 근무 예절

(1) 근무 중의 자세는 항상 바르고 단정해야 한다.

(2) 지각하지 않는다.

출근 첫날부터 지각을 한 사람은 직장생활 내내 편안하기 힘들다. 지각은 그 사람의 능력을 보기 전에 그 사람의 능력이나 성실성을 평가하는 초석이 되기 때문이다. 출근 시간 20~30분 전에 도착하여 청소 및 주변 정리를 하고 일과를 즐겁게 시작할 수 있도록 밝은 인사로 도착하는 동료나 상사를 맞이한다.

(3) 출장이나 외근 시에는 나가고 들어왔음을 알리고, 일의 진행 과정이나 마무리 상황을 직장 내 관계자에게 수시로 보고한다.

(4) 사적인 일은 삼간다.

개인적인 용무와 일에 관한 전화는 점심시간이나 퇴근 시간 이후로 미루며, 컴퓨터 자료 탐색 등 개인적인 관심사나 취미 생활은 근무시간 중이나 직장 내에서는 하지 않는다. 직장 내 기물이나 용품 등은 자기 것처럼 아끼며 사적으로 사용하지 않는다.

(5) 타인의 업무영역에 간섭하지 않으며 자기 일을 남에게 미루지 않고 자신의 업무에 대해서는 책임을 다한다.

(6) 메모하는 습관을 들인다.

메모는 직장 내 흐름을 파악하고 빨리 적응하게 하며 일을 빠뜨리거나 엉뚱하게 하는 실수를 줄여주는 좋은 수단이다. 또한 메모하는 사람은 성실하고 주의력 깊은 사람으로 인정받게 된다.

(7) 호칭을 정확하게 부른다.

〈원장님〉, 〈매니저님〉 등 직급을 정확하게 부르고, 동년배이거나 아는 사람일 경우 〈000씨〉 또는 〈000님〉, 연배나 직급이 아래인 경우에도 반드시 공적 호칭, 〈000씨〉 혹은 〈00님〉으로 이름 뒤에 님을 붙여 부른다. 〈00언니〉, 〈00야〉 하고 부르지 않는다.

(8) 근무 중 담배는 삼간다.

고객과 아주 밀접한 거리에서 행해지는 미용 업무의 특성상 입 냄새와 담배 냄새 등 구강 청결에 세심한 신경을 써야 한다. 또한 손끝에서 나는 담배 냄새도 고객의 신경을 거스를 수 있으므로 단정하고 깨끗한 이미지를 위해 금연한다.

5) 직장에서의 바른 호칭 예절

호칭은 상대방을 직접 부르기 위해 사용하는 것으로 상대방의 인격을 존중한다는 자세로 정확히 적절하게 사용한다.

(1) 상사의 성과 직위를 붙여 부르고 마지막에 〈님〉자를 붙여 존경을 표한다. 성을 모르는 경우는 직위에 〈님〉을 붙인다. (〈김 실장님〉, 〈실장님〉)

(2) 상사에 대한 존칭은 호칭에만 사용하나 본인이 같이 있는 상황에서 지칭할 경

우는 존칭인 〈님〉을 붙인다. (원장님실→원장실, 원장님 지시 사항→원장 지시 사항, 원장이 같이 있을 때는 〈원장 지시 사항을 전하겠습니다〉→〈원장님 지시 사항을 전하겠습니다〉)

(3) 상사 앞에서 자신을 지칭할 때는 〈저〉 또는 성과 직위를 붙여 사용한다. (〈저는…〉, 〈제 생각으로는…〉, 〈이실장입니다〉)

(4) 하급자나 동급자에게는 성과 직위를 함께, 또는 직위명으로 호칭한다. (〈김 피부실장〉, 〈피부실장〉)

(5) 처음 만나는 경우는 〈000님〉으로 부른다.

(6) 열 살 이상 연장자에게는 〈000선생님〉으로 부른다.

(7) 다섯 살 이상 연장자에게는 〈000선배님〉으로 부른다.

(8) 동년배이거나 나이가 어린 직원에게는 〈000씨〉, 〈000님〉이라고 부른다.

(9) 여자 고객은 〈고객님〉, 〈손님〉, 〈사모님〉이라고 부른다.

(10) 남자 고객은 〈고객님〉, 〈사장님〉이라고 부른다.

(11) 어린이 고객은 〈꼬마 고객〉, 〈자제분〉, 〈아드님〉, 〈따님〉 등으로 부른다.

(12) 같이 온 사람은 〈함께 오신 분〉, 〈동행하신 분〉 등으로 부른다.

6) 미용 현장에서의 서비스 마인드

서비스란 사람 사이의 따뜻한 관심이며 배려이다. 고객을 만나기 전부터 시작해 고객이 드러내지 않는 마음마저 읽어내는 고도의 감성 테크닉을 키워나가야 한다. 또한 현재의 고객뿐 아니라 미래의 고객에게도 최선을 다하는 마음가짐이 필요하다.

(1) 미용인으로서의 자부심을 갖는다.

고객을 무조건 띄워주거나 복종하는 것이 서비스가 아니다. 단정한 옷차림과 자신감 넘치는 말투, 세련된 매너, 그리고 상대를 편안하게 해주는 대화, 자기 분야에 대한 해박한 지식 등으로 고객과 동등한 입장에서 컨설턴트 역할을 해주었을 때 미용인임이 자랑스러워지고 고객은 우리를 신뢰한다.

(2) 고객은 감성적 존재임을 명심한다.

아무리 많이 배우고 교양이 있는 사람도 고객이 되면 가끔 이성을 잃곤 한다. 자신의 스타일은 고려하지 않은 채 탈랜트 000처럼 머리를 해달라고 한다. 기가 막힌다고 생각할 것이 아니라 그 탈랜트처럼 젊고 예뻐지고 싶은 고객의 마음에 대한 이해가 있어야 프로 미용인이 될 수 있다. 서비스는 누가 옳고 그른가를 따지기 전에 고객을 이해하려는 마음을 간직해야 한다.

(3) 고객은 누구나 특별한 사람임을 명심한다.

고객은 누구나 스스로 특별하다고 느낀다. 그래서 감동적인 서비스 행동에다가 특별한 대우를 받는 듯한 느낌이 들도록 해야 한다. 우리의 서비스 앞에서 행복함을 느끼는 고객은 우리에게도 행복감을 준다.

(4) 서비스의 주인은 고객임을 명심한다.

미용 서비스 현장에서 가장 빛나야 할 사람은 고객이다. 고객보다 화려하게 꾸미지 않도록 하며, 고객보다 잘난 척하지도 않는다. 오늘 내 서비스의 주인공은 당연히 고객이다.

(5) 고객과 감정을 공유하고 이에 대한 반응을 보인다.

너무 많은 고객을 상대하다 보면 무덤덤해지기도 한다. 진정한 서비스는 고객의 기쁨과 고통을 함께 나누어야 한다. 고객이 던지는 화제에 호응하거나 환호한다. 때로는 질문을 하기도 하고 맞장구를 치기도 하면서 고객의 감정에 동참한다.

7) 미용 현장에서의 서비스 행동 기준

(1) 모든 기준은 고객이 정한다.

고객은 잘 모르는 것 같아도 자기 스타일에 관한 한 전문가이다. 어떤 머리를 해야 자신이 잘 소화해 낼 수 있는지 알고 있다. 일하는 데의 기준은 고객에게 둬야 한다. 예쁘고 안 예쁘고는 고객이 결정한다. 또한 아무리 최선을 다했어도 고객이 만족하지 않으면 다시 손봐야 한다. 서비스 목적은 고객의 심리적 만족을 위해서이지 시술자의 만족을 위함이 아님을 명심한다.

(2) 고객에게 감동을 주는'끼'를 지니도록 노력한다.

미용인은 연출력이 뛰어난 엔터테이너가 되어야 한다. 인사를 한번 하더라도 고객의 마음을 열 정도로 따뜻한 느낌을 주고, 똑같은 시술을 하더라도 고객에게 근사한 분위기를 연출해 주려는 '끼'를 가진 서비스맨이 되도록 한다. 소극적이고 무뚝뚝한 모범생 스타일의 미용인보다는 싹싹하게 고객과 공감대를 형성하고 더러는 쇼맨십을 발휘하는 끼가 있는 미용인이 프로 미용인이다.

(3) 친절과 카리스마를 동시에 갖는 미용인이 되자.

친절이 모자라면 무성의해 보인다. 반면 친절이 지나치면 가벼워 보인다. 90%의 친절 위에 10%의 카리스마를 얹는다면 부드럽고 위엄있는 훌륭한 미용 서비스인이 될 것이다.

① 전문가다운 용모와 복장을 한다.
② 어투는 정중하고 표정은 밝게 한다.
③ 규정을 말할 때는 가벼운 고음보다 부드러운 중간 톤의 음성을 사용한다.
④ 자신감 있게 가슴을 활짝 펴되 허리를 굽히거나 고개를 숙일 준비가 되어 있어야 한다.
⑤ 매너가 좋아야 한다.
⑥ 쉽게 흥분해서는 안 된다.
⑦ 어린아이 같은 어투는 삼간다.
⑧ 고객의 질문에 대비해 충분한 정보를 가지고 있어야 한다.

(4) 지나친 고객의 요구는 세련되게 거절한다.

먼저 서비스 업무의 영역을 정한다. 예를 들어 고객이 담배 심부름과 같은 개인적인 심부름을 시킨다거나 가격을 깎아 달라고 할 때는 정중하게 거절한다. 과도한 서비스가 정작 시술과 같은 중요한 서비스의 품격을 훼손하거나 꼭 해야 할 일을 놓치게 한다.

(5) 고객과의 대화도 다이어트를 한다.

고객의 관심사를 파악하기도 전에 많은 정보를 제공하면 한 귀로 듣고 흘리는 경우가 생긴다. 고객의 의향을 묻고 필요와 요구에 맞춰서 이야기하는 법을 터득한다.

또한 고객과의 대화에서도 과한 욕심을 부리지 않는다. 말을 줄이고 고객의 의사를 존중하면서 요구를 탐색하는 전략이 필요하다. 30%만 말하고 나머지 70%는 고객의 말을 들을 줄 아는 미용인이 프로다운 미용인이다.

(6) 고객에 따라 서비스의 색깔을 바꾼다.

고객은 천차만별이다. 고객이 기대하는 서비스도 사람마다 다르다. 고객이 어떤 서비스를 더 좋아하는지 재빨리 파악할 수 있어야 한다. 고객의 옷차림, 걸음걸이, 말씨, 제스처 등을 통해 웬만큼 알 수 있다. 끊임없이 고객을 관찰하고 분석하고 연구하여 오직 한 고객만을 위한 맞춤 서비스를 제공하도록 한다.

(7) 불평하는 고객을 미래의 충성고객으로 생각하고 최선을 다한다.

화가 난 고객을 내 편으로 만들기 위해 최선을 다한다.

① 화를 내고 서 있는 고객을 앉게 한다.

② 여러 사람이 있는 장소에서 다른 장소로 자연스럽게 이동한다.

- 다른 고객 앞에서는 체면 때문에 쉽게 누그러들지 않는다.

③ 고객의 입장에서 고객의 말을 경청한다.

- 진지한 표정과 공손한 자세로 듣는 미용인에게는 고객도 점차 목소리를 낮춘다.

④ 적절히 시간을 조절하여 일을 해결한다.

- 빨리 사과하여 고객의 감정을 조절한 후 대안을 제시한다.

■ **직장인이 명심해야 할 사항 네 가지**

1. 인성이 좋은 사람이 돼라.

품성이 좋은 사람, 인간관계가 좋은 사람이 본인과 직장에 대한 기여도가 높다. 먼저 웃으면서 인사하라

2. 정리, 정돈, 청소, 청결, 습관화를 실천하라.

습관화는 앞의 네 가지 사항과 사규, 작업 수칙, 인사 예절 등의 준수사항을 습관적으로 지키는 것이다.

3. 내부고객, 즉 상사, 선후배, 동료들을 먼저 만족시켜라.

내부고객이 만족해야 고객 응대, 전화응대 등 업무 활동이 순조로워 외부고객을 만족시키는 기반이 다져진다.

4. 역지사지를 명심하라

뿌린 대로 거두리라는 격언처럼, 고객의 말을 경청하는 자, 상대방의 단점보다 장점을 찾아 인정하는 자, 타인 중심의 사고를 하는 자, 상대방의 작은 수고에 칭찬을 아끼지 않는 자가 성공한다.

3
표정관리

보통 사람들에게 첫인상을 각인시키는 데는 3~4초 정도가 걸리며, 첫인상을 결정하는 요소 중 시각적 이미지가 90% 정도를 차지한다고 한다. 다시 말해 고객에게 첫 이미지를 좋게 각인시키는 데는 외모, 표정, 몸차림 등의 시각적 이미지가 가장 중요하다는 것이다.

표정은 다양한 얼굴 근육이 움직이면서 만들어지는 감정의 외적 표현이다. 표정으로 그 사람의 마음 상태를 알 수 있을 뿐만 아니라 표정 그 자체가 곧바로 상대방에게 호감 또는 불쾌감을 주기도 한다. 고객과의 의사소통 수단으로 언어가 가장 중요하지만, 각자의 표정을 통해서도 말하는 이의 마음을 읽을 수가 있다는 뜻이다. 고객의 마음 문을 열기 위해 무엇보다도 호감을 주는 표정을 지니는 것이 중요하다. 우리의 마음이 감정을 조절하여 얼굴 근육을 긴장시키거나 찡그리지 않도록 하고, 밝게 미소 짓는 얼굴과 목소리로 호감 가는 이미지를 만들어 가도록 한다.

1) 표정의 중요성

(1) 첫인상과 이미지를 결정한다.
(2) 좋은 이미지로 대인관계를 할 수 있도록 상대방과 공감대를 형성한다.
(3) 고객에게 신뢰감 전달한다.
(4) 고객에게 호감을 주는 서비스의 중요 무기이다.

2) 표정 체크 포인트

(1) 거울을 보고 자신의 웃는 얼굴이 마음에 드는가 살펴본다.
(2) 웃을 때 이가 살짝 보이는가 체크한다.

(3) 눈도 같이 웃고 있는가 체크한다.
(4) 바른 자세인가 체크한다.
(5) 몸을 흔들면서 웃는지 체크한다.
(6) 크게 웃을 때는 입을 가리고 있는가 체크한다.

3) 호감 가는 표정 연출을 위한 근육 운동법

매일 1회 이상 3분씩 연습하여 안면 근육을 풀어 주고 아름답고 생기 있는 표정을 만들자.

(1) 눈썹을 위아래로 움직여 이마와 눈 근육을 풀어 준다.
(2) 눈을 지그시 감았다 세게 감았다 반복하고 눈동자를 상하좌우로 굴린다.
(3) 볼 근육을 풀어 주기 위해 입 안 가득 공기를 넣은 상태로 역시 상하좌우로 움직여 본다.
(4) 입을 조금 벌린 다음 입꼬리를 좌우로 번갈아 올린다.
(5) 아-에-이-오-우를 크고 정확하게 발음한다.

[아]

[에]

[이]

[오]

[우]

4) 미소

미소를 제2의 얼굴 화장이라고 한다. 그만큼 표정을 아름답게 가꾸는 데 있어서 미소가 큰 비중을 차지한다는 뜻일 것이다. 굳어있고 화난 듯한 표정이라면 고객에게 좋은 인상을 줄 수 없다. 그렇다고 억지로 웃는 듯한 표정 또한 부담스럽고 마음에서 우러나온 표정이 아님을 금방 눈치챌 수 있게 한다. 자연스럽고 온화하며 때와 장소에 맞는 적절한 표정을 통해 좋은 이미지를 만들어야겠다. 특히 가볍게 웃는 습관화된 미소는 어떤 상황에서도 어느 고객에게나 잘 어울리고 편안하게 일을 풀어나갈 수 있는 능력을 발휘한다. 평소에도 다소곳하게 미소 짓는 습관을 들이는 것이 좋다.

(1) 미소의 효과

① 자신의 건강을 증진하는 효과가 있다.
② 고객의 마음도 미소 짓게 한다.
③ 나 자신의 마음이 좋아지는 마인드 컨트롤 효과가 있다.
④ 일에 대한 즐거움을 가질 수 있게 하여 일의 능률이 향상된다.
⑤ 기분 좋은 사람, 따뜻한 사람, 솔직한 사람이라는 인상과 친근감을 준다.
⑥ 신이 나서 어깨가 우쭐거릴 정도로 즐거워는 신바람 효과가 있다.

(2) 미소를 담은 인사

눈 맞춤은 인간관계의 시작이며 오랜 여운을 남긴다. 고객을 대하자마자 밝게 빛나는 눈동자로 눈을 맞추고 입가에는 미소를 지으면서 마음의 창을 열어 〈안녕하십니까? 어서 오십시오〉라고 인사해본다.

(3) 미소 거리

상대방과의 사이에서 형성되는 다양한 인간관계는 상대편과의 거리를 얼마만큼 두느냐에 따라서도 달라진다. 상대와 나 사이의 적절한 거리가 유지되면 미소 띤 내 표정을 더욱 효과적으로 전달할 수 있다. 고객과의 사이에서는 1.2m 정도의 거리에서 밝고 편안한 미소와 함께 이야기하는 것이 바람직하다.

■ **인간관계를 위한 거리**

① **밀접거리** : 0~45cm까지의 거리로 가족, 연인 등 아주 밀접한 관계에서 유지되는 거리
② **개인적거리** : 45cm~1.2m까지의 거리로 친한 친구 사이나 직장 동료 사이에서 유지되는 거리를 말한다. 예의를 지키면서 친숙함을 표현할 수 있는 거리, 고객과의 관계에서도 가장 적절한 거리
③ **사회적거리** : 1.2m~3.6m까지의 거리로 직장 상하관계나 개인적 친분이 없는 사이에서 유지되는 거리
④ **공적거리(스피치거리)** : 3.6m 이상 떨어진 거리로 강의나 연설에서처럼 강사와 청취자로 구분되는 사이에서 유지되는 거리

5) 스마일 표정 연습

하루 한 번 이상 3분간씩 연습을 통해 내 얼굴에 잘 어울리는 스마일 표정을 찾는다.

(1) 〈위스키〉라고 발음하며 웃는 연습을 해 본다.

(2) 사람마다 어울리는 웃음의 스타일이 있다. 자신에게 어울리는 웃음의 크기를 찾아본다. 거울을 보면서 작은 눈웃음부터 시작해 목젖이 보이는 커다란 웃음까지 다양하게 연출해 본다.

① 1단계 : 눈웃음을 짓는다.
② 2단계 : 치아가 3~4개 보이게 웃는다.
③ 3단계 : 치아가 4~5개 보이게 웃는다.
④ 4단계 : 치아가 8개 이상 보이게 웃는다.
⑤ 5단계 : 입을 동그랗게 벌리면서 웃는다.

①

②

③

④

⑤

4
서비스인의 외모 (용모와 복장)

고객이 영업장에 들어서서 제일 먼저 만나는 미용인의 외모는 그 영업장의 첫인상을 결정하는 중요한 요소 중 하나이다. 미용인의 표정, 헤어스타일, 몸가짐 등에 따라 그 영업장의 서비스 수준이 결정되기 때문에 고급 서비스를 지향하는 미용 서비스업에서 직원의 용모와 복장은 매우 중요하다. 특히 미용업이란 '고객의 얼굴·머리·피부 등을 손질하여 외모를 아름답게 꾸미는 영업'이다. 미용인은 우리를 믿고 자신을 맡기는 고객을 아름답게 변화시키는 귀중한 일을 담당하므로 고객보다 앞서 우리 자신을 가꾸고 다듬어 솔선수범해야 한다.

1) 단정한 용모와 복장의 중요성

(1) 첫인상을 좌우한다.
(2) 기분전환에 영향을 미친다.
(3) 타인이 신뢰하게 한다.
(4) 직장의 분위기를 바꿀 수 있다.
(5) 일의 성과를 높여준다.

2) 단정한 용모와 복장을 위한 기본조건

(1) 청결해야 한다.
(2) 단정해야 한다.
(3) 품위가 있어야 한다.
(4) 전체적인 조화를 이뤄야 한다.
(5) 직장 내 규정을 준수해야 한다.
(6) 서비스 시술에 효율적인 디자인이나 재질을 선택한다.

3) 남성의 용모와 기본 복장

(1) 헤어스타일

① 이발은 한 달에 한 번 정도를 기준으로 각자 자라는 속도에 맞춰 이발 주기를 정한다.
② 매일 머리를 감아 청결을 유지하고 항상 단정하게 빗는다.
③ 지나치게 유행을 따르는 헤어스타일은 삼간다.
④ 앞머리가 눈을 가리지 않고 가능한 이마가 보이도록 하며 옆머리는 귀가 드러나는 길이로 정리하고 구레나룻은 기르지 않는다. 헤어스타일링 제품을 사용하여 앞·옆머리가 흘러내리지 않도록 하는 것도 좋은 방법이다.
⑤ 뒷머리는 셔츠 깃에 닿지 않게 깔끔하게 자른다.
⑥ 까치집이 생기지 않도록 자주 머리를 빗는다.

(2) 얼굴

① 매일 아침 깨끗이 면도하며 코털도 길어 삐져나오지 않도록 잘 다듬어 손질한다.
② 면도 후 에프터쉐이브 스킨이나 밀크로션 등을 발라 산뜻하고 윤기 있는 피부로 손질한다.
③ 밝은 느낌이 들게 미소 띤 얼굴을 한다.

(3) 손·손톱

① 손은 자주 씻어 항상 청결을 유지한다.
② 손톱은 짧게 깎고 손톱 밑은 때가 없도록 항상 청결하게 관리한다.

(4) 기본 복장

① 양복

평범하면서도 기능성 있고 품위가 느껴지는 비즈니스 정장이 좋다. 검은색이나 감색, 회색 등을 기본으로 하며, 자신의 체형이나 얼굴색 등을 고려하여 선택하되 눈에 띄는 색상은 피한다. 단정하고 깨끗한 상태를 유지하기 위해 자주 세탁하고 다림질한다. 자켓 소매는 손목과 손의 경계에서 1~1.5cm 정도 내려오도록 한다. 양복바지는 서 있을 때 구두 위를 가볍게 닿을 정도의 길이가 좋으며 항상 바르게 정리된 앞 주름선이 살아 있도록 자주 세탁하고 다림질한다.

② 와이셔츠(드레스 셔츠)

깨끗한 흰색을 기본으로 한다. 옅은 파스텔 계열의 색상은 화사하게 분위기를 바꾸는 효과가 있다. 와이셔츠 소매는 언제나 깨끗해야 하므로 매일 갈아입는다. 양복 소매 끝에서 1~1.5cm 정도 나와 보이게 입는다. 양복과 와이셔츠의 목덜미 깃 간격은 양복 깃의 위로 와이셔츠 깃이 1~1.5cm 정도 나와 보이도록 입는다.

③ 넥타이

양복을 매일 갈아입기는 힘들므로 넥타이를 매일 바꿔 다양한 변화를 주도록 한다. 양복과 잘 어울리는 색으로 선택하면 무난하다. 양복과 동색 계열이면 차분하고 지적인 인상을 주고, 양복과 반대색 계열이면 자신감 있는 인상을 준다. 벨트선에 오게 길이를 조절한다. 조끼를 입을 시에는 조끼 아래로 넥타이가 보이지 않게 한다.

④ 벨트

검은색 또는 짙은 갈색이 무난하며 너무 화려하거나 요란한 것은 피한다. 양복이나 구두 색과 같은 색이면 더욱 좋다.

⑤ 양말

양복바지와 잘 어울리는 색으로 신거나 바지보다 짙은 색을 선택한다. 양복바지에는 여름이라도 흰색 양말은 신지 않는다.

⑥ 구두

온종일 신고 있어도 피로감을 덜 줄 수 있는 편안한 형태를 선택한다. 검은색이나 갈색을 기본으로 갖추고 양복 색상과 맞추어 구두 색상도 갈아 신는다. 항상 잘 닦아 윤기 나게 하고 매일 먼지를 잘 털어준다.

⑦ 손수건

흡수력과 세탁력이 좋은 재질을 선택하고, 여러 장을 갖춰 깨끗하고 구김이 없도록 매일 바꿔준다.

4) 여성의 용모와 기본 복장

(1) 헤어스타일

① 매일 머리를 감아 청결을 유지하고 항상 단정하게 정리한다.
② 단발이나 숏커트 스타일이 적극적이고 상큼한 느낌을 주어 직장여성에게 가장 적절하다.
③ 어깨를 넘어가는 긴 머리인 경우는 묶거나 그물망 등을 이용하여 단정하게 정리한다. 단순한 헤어핀이나 헤어밴드 등을 활용한다.

④ 크고 화려한 모양 또는 여러 개의 액세서리 사용은 피한다.
⑤ 고객 응대 시 앞머리 옆머리가 흘러내리지 않도록 고정하고 특히 앞머리가 눈을 가리지 않게 한다.

(2) 메이크업 스타일

① 전체적으로 자연스럽고 밝고 건강해 보이는 이미지로 메이크업을 한다.
② 피부색과 같은 색상의 파운데이션을 선택하여 너무 두껍거나 진해 보이지 않도록 바르고 투명 파우더로 유분기를 없앤다. 땀이 많고 피지분비가 많은 여름철에는 리퀴드 타입의 얇은 파운데이션을 이용하며, 가을·겨울철에는 찬바람으로부터 피부를 보호할 수 있는 크림 타입을 사용한다.
③ 눈썹은 머리카락 색과 같은 색상으로 자연스럽게 그린다.
④ 눈은 밝은 색상의 아이새도우를 진하지 않게 바르고 검정이나 브라운 등의 아이라인과 마스카라를 이용하여 눈매가 선명해 보이도록 한다.
⑤ 입술은 누드 톤이나 계절별 유행 색을 자연스럽게 바른다.
⑥ 아이새도우 색상과 어울리는 색상의 치크 블러셔로 볼 뼈 위에 생기를 주고 화사해 보이도록 한다.
⑦ 밝고 환하게 미소 띤 얼굴을 한다.
⑧ 개인적 공간에서 수정 화장을 한다.

(3) 네일 미용

① 손은 자주 씻어 항상 청결을 유지한다.
② 손톱은 길지 않게 자르고, 주 1회 정도 큐티클 정리를 하여 예쁜 손과 손톱으로 가꾼다.
③ 네일 에나멜은 옅은 색을 바른다. 유행이라고 강한 색상의 에나멜을 바르지 않는다.
④ 샌들을 신는 여름철에는 발과 발톱 미용에도 신경을 쓴다.

(4) 기본 복장

① 정장

유행을 타지 않는 스커트나 바지 스타일의 기본 정장이 가장 좋다. 여성 정장은 다양한 스타일과 색상이 있으므로 정해진 스타일이 따로 있지는 않지만, 너무 화려한 색상이나 복잡한 디자인의 정장은 피하도록 한다. 구김이 없는지 부분적으로 지저분한 곳은 없는지 확인한다.

② 스커트

너무 짧지 않게 무릎 선을 기준으로 약간 위 또는 아래에 위치하도록 한다. 스커트 단이 풀리지 않았는지 확인하여 단정하게 유지한다.

③ 블라우스

속옷이 밖으로 내보이거나 비치지 않게 한다. 소매의 단추가 떨어졌는지 살펴보고 소매 끝이 지저분하지 않도록 자주 세탁한다.

④ 스타킹

맨다리로 다니지 않도록 주의한다. 살 색이나 스커트, 바지 색과 유사한 색을 선택한다. 올이 나갔거나 흘러내리지 않도록 주의한다.

⑤ 구두

활동적이고 편안한 스타일의 정장용(검정 펌프스)이 기본이다. 의상과 어울리는 색상과 스타일을 선택하되 너무 화려하거나 눈에 띄는 색상과 디자인은 피한다. 출근 후 슬리퍼로 갈아 신지 않는다(유니폼 착용 시에는 정해진 스타일의 슬리퍼 가능). 항상 깨끗이 닦아 신는다.

⑥ 손수건

흡수력과 세척력이 좋은 재질을 선택하고, 여러 장을 갖춰 깨끗하고 구김이 없도록 매일 바꿔준다. 핸드백 안에 여분의 손수건을 넣어 사용한 손수건과 교체한다. 필요시에는 스커트를 덮는 용도로도 사용한다.

⑦ 액세서리

반지, 시계, 팔찌 등의 액세서리는 요란하지 않은 것이 좋다. 의상에 어울리는 액세서리를 선택한다.

⑧ 향수

엷고 신선한 그린 향이나 후로랄 계의 화사한 향 등이 좋다. 지나치게 강한 향이나, 많은 양은 오히려 역효과를 주므로 피한다. 맥박이 뛰는 곳을 골라 귀 뒤쪽이나 손목 안쪽, 무릎 뒤쪽에 바르거나, 스커트 단의 안쪽이나 자켓 안쪽 등에 바른다. 적당량을 뿌리고 향이 날아갈 즈음 한 번 더 사용한다.

5) 유니폼

유니폼을 착용한 미용인은 그 유니폼을 통해서 미용인의 자격 여부를 드러내게 된다. 고객은 유니폼을 입은 사람을 보면 신뢰감을 느끼게 된다고 하므로 사실상 고객 앞에 드러내 보이는 유니폼은 예복이어야 한다. 예복을 입고 있다고 생각하는 미용인은 함부로 행동하지 않을 것이다.

(1) 유니폼의 의미

① 동료 의식을 갖게 한다.

② 맡은 일에 대한 자부심과 긍지(프로의식 고취)를 갖게 한다.

③ 고객에 대한 존중을 표현한다.

④ 규율에 대한 수행 의지를 표현한다.

⑤ 통일된 서비스를 제공함을 나타낸다.

⑥ 작업의 효율성을 지향한다.

(2) 유니폼 서비스

① 신뢰감을 느끼게 한다.

사람들은 경찰, 군인, 은행원 등의 유니폼(제복)을 입은 사람을 우선 신임한다. 미용실이나 피부 관리실에서도 원장님이 하얀 가운을 입고 상담에 들어가면 고객 유치 확률이 높아진다. 반대로 편안한 옷을 입고 고객을 대한다면 처음 방문한 고객의 경우엔 원장이라기보다는 손님이거나 놀러 온 사람이라고 생각하기가 쉽다. 조용한 가운데서 움직임이 많은 피부 관리실의 직원들이 편안한 활동을 할 수 있는 적절한 유니폼을 입고 있다면 처음 방문하는 고객은 피부 관리실의 청결함과 편안함에 서비스받고 싶은 마음이 커질 것이다. 미용실 고객도 스텝이 착용한 귀엽고 산뜻한 이미지의 유니폼을 통해 앞으로 행해질 서비스에 더 큰 흥미를 느낄 것이다.

② 단정하게 보인다.

깨끗하고 단정한 직원들의 유니폼은 미용 살롱의 전체적인 분위기와 어우러져 또 하나의 이미지로 고객에게 서비스한다. 또한 고객들도 서비스인과 타 고객을 구분하기가 쉬워 복잡함과 혼란스러움을 덜 느끼게 된다.

③ 당당해 보인다.

유니폼을 입은 사람이 군중 속에 섞여 있으면 사람들의 시선이 그쪽으로 쏠린다. 제복이 주는 당당함이 사람들의 시선을 끌어들이기 때문일 것이다. 유니폼은 자신이 그 일에 있어서 책임과 의무를 다하겠다는 대외적인 의지의 표현이라고 할 수 있다.

④ 소속감을 준다.

직장에서 회사 버스를 타거나 회식을 하거나 야유회를 가면 회사에 다니는 자신이 어쩌나 당당하고 좋은지 모른다고 한다. 평소엔 소원하다가도 체육대회 날 학과 티셔츠를 입게 되면 타 학과에 뒤처지지 않으려고 열심히 했던 기억을 떠올려보라. 정성스럽게 차려입은 유니폼은 직장의 고마움을 느끼게 하고 이는 곧 정성 어린 서비스가 솟아나게 하는 힘이 된다.

⑤ 행동이 조심스러워진다.

유니폼(제복)을 입은 상태에서는 사람들이 많은 공공장소에서 함부로 행동하지 못한다. 아무 곳이나 앉지 못하고, 욕을 하지도 못하며, 길거리에서 먹으면서 걷지도 못한다. 나 자신뿐만 아니라 내 유니폼은 내 직장의 얼굴이기 때문이다.

⑥ 멋을 준다.

유니폼을 입은 사람들 가운데 가장 멋있어 보이는 사람은 항공사 유니폼을 입고 기내에서 근무하는 승무원들일 것이다. 심지어 고등학교 진로를 앞두고 학교를 선택할 때 교복이 예쁜 학교를 선택하는 학생들도 있다고 한다. 유니폼이 주는 이러한 이미지 때문에 수많은 젊은이가 승무원이라는 직업을 갖기 위해 밤낮으로 노력하는 것일지도 모른다. 미용 살롱의 유니폼도 모두가 입고 싶어 하는 좋은 이미지로 멋스럽게 가꾸도록 해야겠다.

(3) 유니폼 착용 시 주의 할 사항

① 땀 흡수가 잘 되고 세탁이 쉬운 재질을 선택한다.
② 두 벌을 준비하여 항상 갈아입을 수 있도록 하는 것이 좋다.
③ 항상 깨끗하고 청결하게 자주 세탁한다.
④ 단추가 떨어지거나 떨어지려 하는지 신경을 쓴다.
⑤ 옷에 구멍이 나 있나 주의한다.

⑥ 소매 끝이 더러워졌거나 헤져있는지 살펴본다.

⑦ 구겨짐이 없도록 다려 입는다.

⑧ 단정하게 단추를 채우고 입는다.

⑨ 이름표는 똑바로 제 위치에 부착한다.

⑩ 주머니에는 볼펜 이외의 것은 되도록 넣지 않는다.

⑪ 스커트의 길이는 무릎 바로 아래 길이 정도로 너무 짧지 않게 한다.

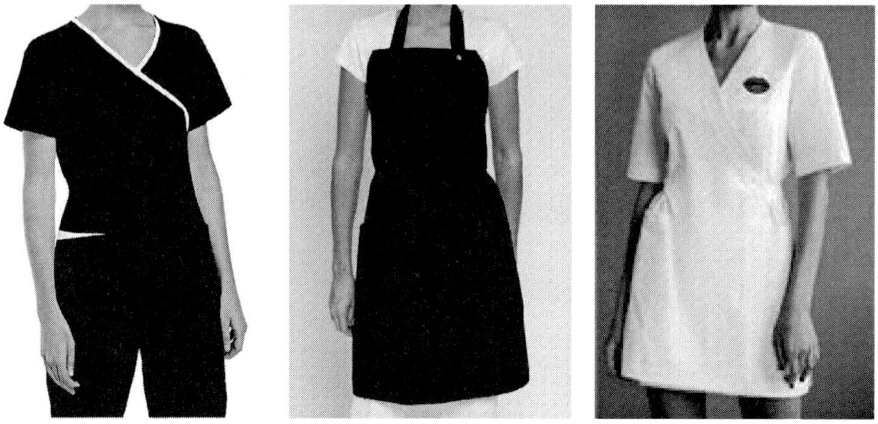

5
기본자세와 동작

태도는 어떤 일에 임하는 준비 자세로 어떤 마음가짐으로 일에 임하고 있는가가 그 사람의 자세, 동작에 나타난다. 걷는 모습만 봐도 그 사람의 됨됨이를 알 수 있다고도 한다. 당당하고 활기찬 바른 자세와 걸음걸이는 적극적인 자세로 일에 임하게 하며 일과가 끝난 후에도 훨씬 덜 피로하게 한다. 또한 바르고 정중한 태도는 고객을 성심을 다해 정중하게 응대한다는 마음의 표현을 담고 있어 고객에게 호감과 신뢰감을 주는 미용인의 가장 기본 사항이다.

1) 바르고 정확한 자세의 중요성

(1) 고객을 대하는 바른 동작은 나에 대한 좋은 느낌을 전달할 수 있는 기회가 된다.
(2) 항상 바르고 자연스러운 몸가짐은 고객으로서 대우를 받고 있다고 느끼게 하여 고객이 모든 서비스를 즐겁게 받을 수 있도록 하는 서비스 효과를 발휘한다.
(3) 바른 자세는 몸의 균형을 유지하고 힘이 고르게 분산되는 효과가 있어 육체적 피로를 줄여준다.
(4) 균형 잡힌 자세는 말이 잘 나오도록 하여 목소리에 힘이 생기고 일에 대한 자신감을 준다.
(5) 적극적인 성격으로 유도하며 직장생활의 업무능률을 올려준다.

2) 바르게 서기

고객과의 대면에서 바른 자세로 서야 한다. 고객과 대화를 나누면서 몸을 흔들거나, 손장난한다거나, 발을 놀리거나 머리를 움직인다든가 하는 자세를 삼간다. 본인에게 편안한 위치에서 행동하지 말고 항상 고객을 향해 정면으로 서서 행동한다.

(1) 등과 허리는 곧게 펴고, 가슴은 활짝 편다.
(2) 어깨는 힘을 빼고 자연스럽게 내린다.
(3) 배에 힘을 주어 위로 당긴다.
(4) 턱을 가볍게 당긴다.
(5) 시선은 정면을 향한다.
(6) 손은 살짝 오므린 채 차렷 자세로 자연스럽게 선다(여성은 오른손을 위로 오게 하고 두 엄지손가락이 보이지 않도록 두 손을 포개 앞으로 모은다).
(7) 무릎은 힘을 주어 완전히 펴고 체중은 두 다리에 고르게 분산시킨다.
(8) 발뒤꿈치를 서로 붙이고 앞은 V자 모양으로 약간 벌리면서 힘을 준다(여성은 한발을 약간 뒤로 빼서 V자 모양으로 벌린다).
(9) 고객 응대 시 상체는 약간 숙인다.
(10) 얼굴은 밝고 자연스러운 미소를 띤다.

3) 바르게 앉기

(1) 남성의 경우

① 소리가 나지 않도록 조용히 앉는다.
② 의자 등받이와 몸의 상체 부분이 평행이 되도록 곧게 편 자세로 천천히 앉는다.
③ 시선은 상대방을 향해 자연스럽게 바라본다.
④ 주먹 하나가 들어갈 정도로 등받이와 사이를 띄어 앉는다.
⑤ 무릎은 어깨너비로 벌리고 발뒤꿈치는 무릎보다 뒤에 놓는다.
⑥ 손은 가볍게 주먹을 쥔 후 무릎 위에 올려놓는다.

(2) 여성의 경우

① 한쪽 발을 뒤쪽으로 당기면서 한 손으로 스커트 자락을 쓸어주면서 앉을 자리를 살짝 본 후 조용히 앉는다.
② 의자 등받이에 상체를 곧게 펴서 붙인다.
③ 무릎과 발끝은 붙이며, 발뒤꿈치는 무릎보다 뒤에 놓는다.
④ 다리는 앉은 자세에서 45도 정도 옆으로 기울인다.
⑤ 어깨 힘을 빼고 편안하게 양손은 무릎 위에 가볍게 겹쳐 놓는다.
⑥ 일어날 때는 다리를 바로 세우고 엉덩이를 의자 앞쪽으로 살짝 당긴다.
⑦ 상체를 곧게 펴고 가볍게 일어난다.

(3) 책상이 있는 경우

① 책상과 간격은 주먹 2개 정도로 띄어서 앉는다.
② 팔꿈치나 팔을 책상에 올려놓지 않는다.

4) 바르게 걷기

(1) 등과 어깨를 곧게 펴고 어깨에 힘을 뺀다.
(2) 허리와 가슴이 먼저 앞으로 나가는 기분으로 걷는다.
(3) 턱을 당기고 시선은 자연스럽게 정면을 향한다.
(4) 팔은 앞·뒤로 자연스럽게 흔들면서 바지를 스치듯이 움직인다.
(5) 무릎을 굽히지 않으며 좌우의 발이 평행이 되도록 걷는다.
(6) 일자로 걷는다는 생각으로 반듯하게 걷는다.
(7) 여성은 무릎 안쪽이 가볍게 스치도록 하여 직선으로 가는 기분으로 걷는다.

(8) 몸의 무게중심은 엄지발가락에 둔다.
(9) 어깨너비 정도의 보폭이 적당하나, 자신에게 적절한 보폭을 설정하여 걷는다.
(10) 신발을 끌거나, 뛰거나, 뒷짐을 지거나, 주머니에 손을 넣지 않는다.
(11) 밝고 부드러운 미소를 띤 얼굴로 걷는다.
(12) 어쩔 수 없이 고객을 앞지를 땐 〈실례합니다〉라고 말하고 바른 걸음걸이로 지나간다.
(13) 지인이나 상사 등을 만났을 때는 가벼운 목례를 하면서 지나간다.

5) 바른 대기 자세

(1) 가슴을 활짝 편다.
(2) 등과 허리를 곧게 편다.
(3) 다리는 나란히 하여 어깨너비만큼 벌린다(여자의 경우는 발을 나란히 하고 뒤꿈치를 붙인다).
(4) 손은 가지런히 모아 앞부분에 자연스럽게 포개 놓는다.
(5) 시선은 정면보다 약간 아래를 응시한다.
(6) 너무 딱딱하지 않도록 자연스럽게 서서 대기한다.

6) 지시를 받는 자세

(1) 호명 받으면 즉시 응답하며 메모를 준비해 간다.
(2) 지시자 앞의 시야를 가리지 않고 옆으로 약간 비켜선다.
(3) 도중에 질문하지 말고 끝까지 잘 듣는다.
(4) 중요 내용을 메모한다.
(5) 중요 사항을 반복해서 말하면서 전달받은 내용이 정확한지 확인한다.
(6) 본인의 능력이나 수행할 수 있는 여건, 필요사항 등을 생각해서 가능한지를 답한다.

(7) 본인의 의견이 있거나 수행이 힘든 사정이 있을 때는 공정하고 솔직하게 설명하고 다시 지시받는다.

(8) 업무를 마친 후에는 두세 걸음 뒤로 이동한 후 돌아서 간다.

(9) 적기에 보고가 될 수 있도록 노력한다.

(10) 수행 과정이 길어질 때는 중간에 일의 진행 상황을 간결하게 보고한다.

7) 보고하는 자세

(1) 지시자 앞의 시야를 가리지 않고 옆으로 약간 비켜선다.

(2) 업무 종결과 동시에 신속히 보고한다.

(3) 지시한 사람에게 보고한다.

(4) 결론부터 말하고 관련 사항이나 자신의 의견을 말한다.

(5) 시일이 길어지거나 어려운 일이 생겼을 때는 중간 보고를 한다.

(6) 문서가 필요한 사항은 보고서를 작성한다.

CHAPTER 04

미용서비스의 예절

1. 접객 및 안내 예절
2. 인사 예절
3. 언어 예절
4. 전화 예절

1
접객 및 안내 예절

1) 접객의 개념과 목적

고객과 만나는 것, 고객을 상대하는 것이 접객이다. 접객의 목적은 방문 고객이 갖는 첫인상을 호감으로 연결해 상품 판매에 도움이 되도록 하는 데 있다. 미용샵 분위기나 이미지, 직원들의 태도에 반응하여 형성되는 고객의 첫인상은 3~4초 이내에 정해지는데, 고객과 직접 접한 직원의 복장과 태도가 첫인상의 90%를 결정한다는 보고가 있다. 첫인상을 결정하는 데 작용하는 구성요소들 가운데 외모의 비중이 55%를 차지하고 음성(목소리)이 38%, 언어(말의 내용)가 7% 이내라 하니, 얼굴, 즉 표정이 가장 중요한 요소임은 분명하다.

◆ **표 4-1. 의사소통 구성요소**

의사소통 구성요소	
언어 요소	말하기, 쓰기
비언어 요소	표정, 자세, 태도, 몸동작, 시선 접촉 등

메라비언 교수의 연구 결과는 비언어 요소가 93%를 차지하여 의사소통 과정에 결정적으로 작용한다는 점을 보여 주는 것으로, 접객에 있어서 직원의 외모와 음성, 태도의 중요성을 확인시켜준다.

접객의 중요성은 아무리 강조해도 지나치지 않다. 접객은 고객이 단골고객이 되느냐, 아니면 스쳐 지나가는 뜨내기 고객으로 사라져 버리느냐를 결정하는 중요한 요인이다. 직원들의 접객 태도가 그 미용샵의 수준을 결정하고, 샵 운영의 성패를 결정한다. 실제로 훌륭한 접객 태도로 고객에게 좋은 반응을 얻은 직원은 자신의 태도와 행동에 대해 보람을 느끼게 되고 근무의욕도 증대되기 마련이다. 그리고 접객 행동이 몸에 배인 직원은 점점 더 나은 태도와 품행을 갖추어 더 좋은 접객 환경을 스스로 조성하게 된다.

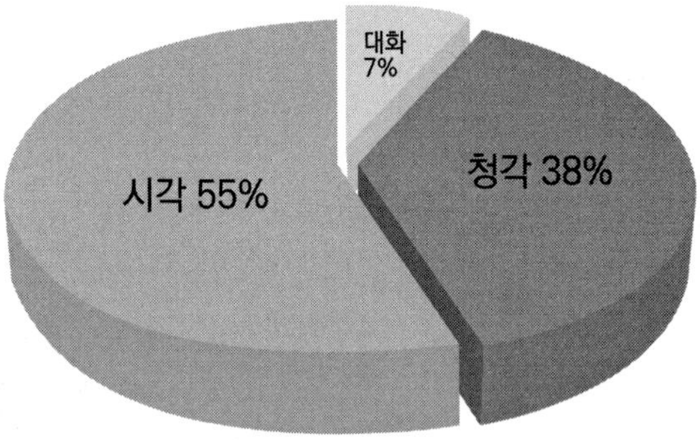

◆ 그림 4-1. 메라비언 법칙 low of Mehrabian

▸ 서비스 접점과 진실의 순간(MOT: moment of truth)

특히 서비스 분야에서는 고객과 접촉하는 순간, 곧 서비스 접점이 결정적 순간으로 작용한다. 쉽게 말해 직원과 접촉하는 순간에 방문 고객은 서비스 품질에 대해 인식하기 때문에 이 짧은 순간이 진실의 순간, 결정적 순간이 된다. 지극히 짧은 순간이지만 이러한 서비스 접점에서 서비스에 대한 생생한 인상이 고객의 뇌리에 각인되는 것이다. 사실 고객과 직원 사이에 이루어지는 다양한 접촉에서 발생하는 개별적인 결정적 순간들이 고객의 기억 속에 해당 서비스 업체의 종합적인 이미지를 완성한다. 물론 업종에 따라서 더 중요한 결정적 순간이 존재한다.

2) 접객 관리

이처럼 중요한 접객 태도와 행동을 관리하여 최상으로 유지하는 것이 경영자의 과제라 할 수 있다. 서비스는 물건이 아니기 때문에 이용하기 전에 만족도를 예측할 수 없으므로 서비스 제공자의 태도와 행동이 중요한 요소로 작용하게 된다. 고객을 맞이하는 서비스 제공자의 태도와 행동 하나하나가 아주 중요한 의미를 갖게 되므로 지속적인 교육을 통한 철저한 접객 관리가 필수적이다. 관리자는 서비스 제공자들의 습관과 태도를 분석해 나쁜 습관이나 태도를 고치도록 교육하고 직원들도 스스로 접객 시 문제가 될 만한 부분을 확인해 고쳐야 한다. 차분하게 고객을 대하고 진심으로 고객의 말을 들어주며, 부드러운 언행과 깔끔한 복장에 빈틈없으며 적극적인 자세로 고객을 맞이하는 것이 바람직한 접객 자세라 할 수 있다. 서비스 업종 직원이 지녀야 할 덕목으로 확고한 직업의식, 원만한 성격, 긍정적 사고, 고객의 입장 배려, 공사 구분 공평한 처리, 원칙 설정 준수, 인내와 반성, 노력, 자신감을 들 수 있다.

■ 접객 자세

· 주인의식
· 목표의식
· 고객 위주의 사고
· 공평한 서비스
· 동작의 신속 정확성
·프로의식
·긍정적인 사고
·서비스 정신
·고객에 대한 애정
·긴장감

(1) 접객관리자가 점검할 사항, 사전 준비

① 근무환경/근로조건

· 청소 및 정리 정돈 상태, 진열장, 매장 상태 확인, 위생상태 점검 및 정신 무장, 편의시설 및 정보, 홍보용 자료 체크

② 직원 교육

· 기술교육과 인성 교육, 직원들의 복장, 태도(호의, 관심, 성실, 자신감, 친절, 에티켓, 화술)

(2) 복장과 태도

복장과 태도가 첫인상의 90%를 결정한다. 또한 접촉도가 높은 업무 성격상 고객은 작업 중인 직원의 복장과 태도를 눈여겨보게 되므로 항상 신경을 써야 한다. 미용업 종사자의 머리가 제대로 손질되지 않거나 메이크업이 어색하다면, 유니폼과

구두가 더럽다면, 손톱, 발톱이 불결하다면, 누가 신뢰하겠는가? 청결한 신체와 품위 있는 복장을 유지하기 위해 체크 리스트를 작성해 매일 체크하는 습관을 들여라.

(3) 대화

대화가 너무 길거나 주제가 너무 다양하면 고객이 싫증을 낼 수 있다. 짧은 시간에 고객의 주의를 끄는 대화술이 필요하다. 분명한 목소리로 정성을 담아 말하고 존칭을 사용해야 한다. 경박한 말투나 어려운 표현은 피하고, 상대방의 이야기를 잘 들어주는 것도 중요하다.

(4) 인사 예절

인사는 사회생활의 기본이다. 분명하고 큰소리로 웃는 낯으로 기분 좋게 인사한다. 자리를 비울 때는 〈실례하겠습니다〉라고 분명하게 말하고, 용건을 마치고 나서는 기다리게 해서 〈죄송합니다〉라고 말하고 자리로 돌아온다. 안에 있는 다른 고객들이 볼 수 있으니 나가는 고객이 돌아보지 않는다고 대충 인사하지 말라. 상대방에 대한 인사는 경의 표현이므로 의무나 강제가 아니라 진심이 담긴 것이어야 한다.

(5) 표정 관리

미소 짓는 얼굴에 느낌이 좋은 표정을 지어라. 표정에 어울리는 목소리도 중요하다. 가능한 한 표준어 표준 억양을 쓰고 발성법 연습 등을 통해 매력적인 목소리를 만들어라. 단조로운 톤은 피곤하게 하므로 리듬감을 살리도록 연습하라.

3) 접객

고객을 맞이하는 순간부터 고객을 배웅하고 사후 처리를 하는 마지막 단계에 이르기까지 단계마다 직원이 취해야 할 태도를 숙지하고 몸에 배도록 해야 한다.

▸ 단계별 태도

· 개점 시 즐거운 하루를 맞이하겠다는 마음가짐
· 고객을 맞이할 때 환영하는 마음가짐
· 고객과 상담할 때 공감대를 이루기 위한 노력
· 시술 시 아름다움을 창조하기 위한 노력
· 시술을 마칠 때 정성을 다해 마무리하는 자세
· 카운터로 안내할 때 감사하는 태도 - 배웅 시 친절하고 공손한 태도
· 고객이 귀가한 후 철저한 사후관리와 분명한 클레임 처리로 고객 만족 추구

미용인의 행동과 태도가 가장 비중이 높은 접객 구성요소임은 분명하지만, 그 외에 샵의 위생 상태, 분위기 조성 등의 물리적 측면이나 문의 사항 처리, 안내와 대기 상태 등의 편의성 측면도 간과해서는 안 된다. 또한 전화응대도 중요하다. 직접 고객과 마주하는 것은 아니지만 전화를 통한 커뮤니케이션은 고객의 판단과 결정에 상당한 영향을 미치므로 전화응대 테크닉과 금기사항을 숙지하여야 한다.

(1) 위생

직원들의 의복은 청결하고 단정해야 하며, 장비와 도구는 제대로 소독하고 제대로 배치하여야 하며, 고객에게 제공하는 수건이나 가운도 최상의 위생 상태를 유지해야 한다.

▸ 분위기와 장식

시각적인 환경도 중요한 요소이다. 편안함과 안정감을 주기 위해 고객 대기실, 휴식 공간, 진열 공간을 여건에 맞게 확보한다. 시술에 필요한 공간은 효율성을 고려하여 배치한다. 또한 고객이 이동하는 동선을 최소화하여 편의 및 심리적 안정감을 확보한다. 그리고 대상 고객층에 어울리는 실내장식과 실외장식을 해야 한다. 간판이나 실외 장식물의 광고효과를 무시해서는 안 된다.

(2) 안내 및 대기

예약고객에게 정해준 약속 시간은 반드시 지켜야 하며 예약을 하지 않은 일반고객에게도 무작정 기다리지 않도록 예상 소요 시간을 대략적으로나마 알려주어야 한다. 불가피하게 시간이 지연되는 경우 상황을 설명하고 사과를 구해 고객의 시간을 소중하게 여긴다고 느끼게 해야 한다. 기다리는 시간이 무료하지 않도록 음료 서비스나 음악, TV 등을 제공하는 것도 좋은 방법이다.

(3) 전화응대

요즘같이 바삐 움직이는 시대에 고객들은 원하는 정보를 제공하지 않거나 지체하면 기다려주지 않는다. 순발력과 전문성을 겸비하여 고객이 원하는 정보를 즉각적으로 제공하여야 한다. 전화는 상대방이 보이지 않고 소리로만 전달되기 때문에 목소리에 실리는 감정이 민감하게 전해지므로 주의해야 하며, 용어 사용에 특히 신경을 써야 한다. 〈아니요〉, 〈안 돼요〉 같은 부정적이며 단정적인 말이나 비속어 사용은 피해야 한다. 부정하거나 거절할 때는 내용 앞에 〈죄송하지만〉을 붙여 완곡하게 처리하고, 고객이 원하는 정보를 바로 제공할 수 없는 경우에는 '나중에'란 말로 회피하는 인상을 주지 말고 구체적인 대안을 제시하여 신뢰감을 확보해야 한다. 끝맺는 인사말은 〈전화 주셔서 감사합니다〉 같은 정중한 표현이 좋다. 마주 보고 대화한다는 느낌으로 통화하라.

4) 에티켓과 매너

앞에서 살펴본 것처럼 접객 직원의 태도와 행동은 고객의 이미지 형성과 밀접한 상관관계가 있다. 그런데 직원들이 마땅히 지녀야 할 예절을 우리는 에티켓이라 한다. 그렇다면 에티켓이란 구체적으로 무엇인지 알아보자.

(1) 에티켓의 정의

티켓, 상표, 표식을 뜻하는 고 프랑스어 estiquer(붙이다)에 어원이 있는 이 말은 '사람들을 만났을 때 취해야 할 마음가짐이나 몸가짐'을 뜻하며, 오늘날 대인관계에서 개인이 지켜야 할 예의범절을 가리킬 때 주로 사용된다. 즉 상대방의 기분이 상하지 않도록 배려하고 존중하며 믿음직한 태도로 때와 장소에 어울리게 행동하는 것이다. 직장인의 경우로 한정하면, 직장이라는 활동 공간에서 분위기를 부드럽게 하고 목적이나 임무를 달성하기 위해 각자 지켜야 할 규칙이다. 에티켓이 몸에 밴 사람은 대인관계가 원만하고 신뢰도가 높아서 일 처리 능력이 높다. 에티켓은 고객 만족을 이루기 위해서 꼭 필요한 조건이지만 고객뿐만 아니라 상사, 부하, 동료 직원들에게도 지켜야 하는 것이다.

올바른 말씨와 온화한 표정, 청결하고 단정하며 장소에 어울리는 복장이 에티켓의 기본임은 분명하다. 구체적인 예를 들면, 일찍 출근하고, 먼저 인사하고, 대화는 간결하고 작은 목소리로 하고, 자리를 비우기 전에 일러두고, 고객이나 상사와 동행할 때는 좌측에 서서 움직인다. 안내할 때는 앞에 서서 걷고, 문을 드나들 때는 고객이나 상사가 앞에 가게 한다. 공용품은 사용한 다음 정해진 곳에 갖다 놓고, 퇴근할 때는 반드시 정리 정돈을 한다.

(2) 직원 간의 에티켓

① 부르면 반드시 대답하라

② 부를 때에는 타이밍을 따져라.

③ 빌려 쓴 것은 반드시 돌려주고 고맙다는 말을 잊지 말라.

④ 정해진 시간과 기일을 반드시 지켜라.

⑤ 명령과 지시보다는 협조를 구하라.

⑥ 명령받았을 때는 대답과 함께 기분 좋게 응하라.

(3) 직원과 고객 사이의 에티켓

① 힐끗 쳐다보지 마라. 고객이 기분 나빠할 수 있다.
② 지나칠 때는 인사하라. 눈이 마주치는 경우 미소를 띤다.
③ 신경과 시선을 집중시켜 고객을 중시하는 느낌을 줘라.
④ 다소곳한 태도와 나직한 목소리를 유지하라. 거만한 표정이나 큰 목소리, 기분 나쁜 웃음을 피하라.
⑤ 대화할 때 주머니에 손을 넣거나 머리를 만지는 등 시선을 분산시키거나 건방져 보이는 태도를 피하고 바른 자세를 취하라.
⑥ 요금을 받을 때는 분명하게 확인하고 처리하여 불상사를 사전에 방지하라.

(4) 매너의 정의

라틴어 manus(손, 권력, 예의)와 arius(방식)의 합성어 manuarius에서 유래한 매너(manner)는 타인을 배려하는 언행, 즉 상대방을 존중하는 마음에서 편안하게 하는 행동 방식을 일컫는다. 에티켓이 사회와 문화가 요구하는 기본적 예절, 일종의 규칙이라면, 매너는 에티켓의 외적 행동, 마음의 표현이라 할 수 있다. 그래서 에티켓을 잘 지켜도 매너가 나쁘면 상대방에게 감동을 주기 어렵다. 행동은 규칙에 따랐어도 존중하고 배려하는 마음이 없어서 상대방이 마음을 열지 않기 때문이다. 진심에서 우러나와야 진정한 매너이다. 매너 있는 사람은 타인의 호감도가 높아져서 대인관계가 원만해지고, 타인을 존중하다 보니 자기 자신을 존중하는 마음도 함께 해서 자긍심도 강해진다.

(5) 업무 매너

① 인사는 먼저 정중하게 하라.
② 화젯거리나 개인적인 이야기, 잡담은 일을 시작하기 전에 끝내라.
③ 지각, 조퇴, 결근은 반드시 미리 보고하여 허락받아야 하고 거절당할 수 있다는 점을 염두에 둬라.

5) 불평, 불만에 대처하는 접객 기술

(1) 제일 나은 방법은 불평, 불만이 발생하지 않도록 예방하는 것이다. 처음 방문한 고객의 경우 시술하기 전에 고객의 의향을 파악하고 궁금한 사항을 구체적으로 설명하여 시술 후에 발생할지도 모르는 오해의 소지를 없애야 한다.

(2) 고객의 불평을 보약이라 생각하라. 내용을 제대로 알아야 대응할 수 있으니 정중하게 받아주면서 불평을 전부 토로하게 한다. 말을 자르거나 반론을 제기하는 것은 불난 집에 부채질하는 것이다. 감정에 치우치지 말고 단정적인 말을 쓰지 마라.

(3) 실수를 했을 때는 쓸데없는 변명 대신 솔직하게 시인하고 진심으로 사과하라. 사과는 확실하고 정중하며 진정성 있게 해야 한다. 고객의 나이나 행색을 보고 짐작하여 얼버무리거나 대충 사과해서는 안 된다. 상황이 중차대하다고 판단되는 경우 사과와 더불어 신속히 결정권자에게 보고하여 처리해야 한다.

(4) 불평의 내용이 기술적인 트러블에 관한 것이고 본인이 그 분야의 전문가가 아니라면 가능한 한 사무적인 태도로 처리한다. 약품이나 화장품의 부작용 같은 전문적인 지식과 관련된 사항은 전문가의 상담과 조언을 받은 후 대응해야 한다. 예상되는 트러블에 대해서는 가상의 상황을 설정해 대응 기술을 익혀둘 필요가 있다.

6) 고객맞이

고객의 입장에선 미용실이든 메이크업실이든 피부관리실이든, 모든 미용 서비스 현장은 관심의 대상이다. 안에서는 어떤 서비스가 어떻게 이뤄질까 궁금해하기도 하고, 안에 들어가 서비스를 받고 싶은 욕망이 있기도 하다. 그러나 여러 가지 개인적인 여건상 들르지 못할 때도 있지만, 미용 서비스 현장의 문턱이 너무 높게 느껴져 망설이고 있거나 뒤돌아 나가는 경우도 적지 않다. 일단 서비스 현장에 들어선 고객의 눈에 들어오는 모든 환경적인 요소들과 함께 상냥하고 예의 바른 미용인의 친절한 안내와 접객 태도는 고객의 마음을 편안하게 해줄 뿐만 아니라 그 서비스 현장에 대한 신뢰감을 높이게 한다.

(1) 청소, 정리 정돈이 잘 되었는지 확인한다.
(2) 기계류, 기구 작동을 점검한다.
(3) 사용제품, 타올, 각종 소모품을 점검한다.
(4) 업무상 필요한 서류가 제자리에 있는지 확인한다.
(5) 고객이 바로 들어올 것처럼 생각하고 바른 자세(대기 자세 혹은 업무 자세)를 취한다.
(6) 밝은 미소로 〈어서 오십시오〉라고 인사한다.
(7) 하던 일을 중단하고 바로 응대하거나, 하던 일을 마무리하는 동안 잠시 기다려 줄 것을 양해를 구한다.
(8) 고객과 이야기하는 동안 공손하고 바른 자세를 취한다.
(9) 고객이 원하는 서비스나 용건을 정확하고 신속하게 파악한다.
(10) 분명하고 알기 쉬운 언어를 사용하고 요약, 정리하여 확인한다.
(11) 시술 순서를 기다려야 할 경우는 의자나 응접실로 안내한다.
(12) 차를 대접하고, 신문이나 잡지 등의 읽을거리를 제공한다.
(13) 다음 약속의 여부를 확인한다.
(14) 시술이나 용무를 마친 고객이 돌아갈 때는 〈고맙습니다. 안녕히 가십시오〉라고 감사한 마음을 담아 서서 인사한다.

7) 고객을 안내하는 방법

(1) 고객이 궁금해하지 않도록 안내할 장소를 먼저 말해준다.
(2) 고객의 오른쪽 2보 앞에서 몸을 고객 쪽으로 약간 비켜선 자세로 고객의 보행 속도에 맞춰 걷는다. (상사를 수행할 때는 상사의 왼쪽 2보 뒤에서 수행한다.)
(3) 코너를 돌 때는 고객 쪽을 보면서 가야 할 방향을 손을 모아 가리킨다.

8) 방향, 위치 등을 지시하는 안내

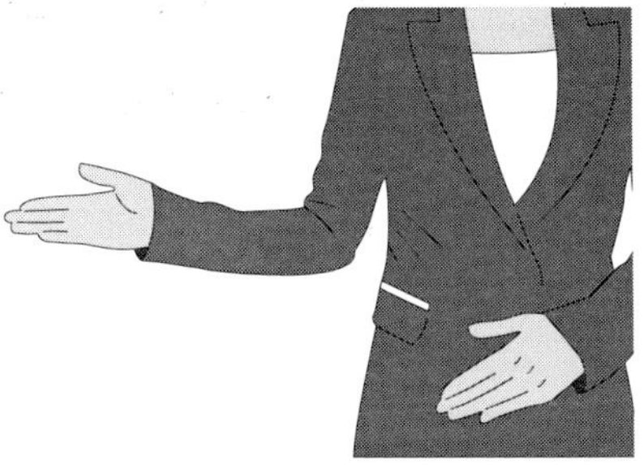

(1) 밝은 표정으로 먼저 안내할 방향을 가리킨다.

(2) 상체를 지시 방향으로 약간 숙이면서 정중하게 지시한다.

(3) 〈네, 탈의실은 오른쪽에 있습니다〉 등의 말과 함께 다섯 손가락을 가지런히 모으고 완전히 펴지 않은 상태로 손바닥을 약간 위로 향하게 하여 손바닥 전체로 가야 할 방향을 가리킨다.

(4) 팔꿈치의 각도는 목적지까지의 거리감을 나타내는 데 사용하므로, 가까운 곳을 가리킬 때는 팔꿈치를 구부리고, 먼 곳을 가리킬 때는 팔꿈치를 편다.

(5) 시선은 고객의 눈, 가리키는 방향, 고객의 눈으로 이동하면서 상대편이 이해했는가를 살핀다.

(6) 오른쪽은 오른손으로 지시한다.

(7) 왼쪽은 왼손으로 지시한다.

(8) 뒤쪽은 몸 전체를 돌려 이동하며 지시한다.

(9) 사람을 가리킬 때는 〈저분이십니다〉 등의 말과 함께 반드시 양손으로 표시한다.

9) 문을 여닫는 방법

(1) 앞으로 당기는 문(손잡이를 잡고 몸쪽으로 끌어당겨 여는 문)

① 손잡이를 당겨 문을 열고 서서 고객이 먼저 들어가도록 한다.

② 서비스 안내자가 뒤따라 들어간 후 문을 닫는다.

(2) 밀고 들어가는 문

① 문을 밀어 열고 안내자가 먼저 들어간다.

② 고객 쪽을 보면서 손잡이를 잡고 서서 고객이 들어오도록 한다.

③ 문을 닫는다.

10) 계단을 이용하는 안내

(1) 고객에게 미리 층수를 말해준다.

(2) 고객이 계단의 손잡이 쪽에서 걷도록 한다.

(3) 올라갈 때는 고객이 먼저 올라가도록 한다.

(4) 내려갈 때는 안내자가 먼저 내려간다.

* 고객이 여성이면 안내자가 먼저 올라가고, 고객이 먼저 내려온다.

11) 엘리베이터를 이용하는 안내

(1) 엘리베이터 전문 안내원이 있는 경우나 이미 다른 사람이 타고 있는 경우는 고객이 먼저 탑승하도록 한다.

(2) 엘리베이터 전문 안내원이 없는 경우는 고객에게 〈실례하겠습니다〉라고 양해를 표한 후 서비스 안내자가 먼저 탑승하여 열림 버튼을 누른 후 고객이 탑승하도록 한다.

(3) 탑승 후 층수를 말해준다.

(4) 고객이 먼저 내리도록 한다.

(5) 다른 사람이 같이 타고 있을 때는 그들에게 가볍게 목례를 한 후 내리거나 〈실례합니다〉라고 인사한 후 내린다.

(6) 회전문이나 에스컬레이터 이용 시에는 고객이 앞에 서도록 한다.

12) 물품을 전달하는 법

(1) 고객의 정면에서 전달한다.

(2) 상체를 앞으로 10도 정도 숙이며 양손으로 전달한다.

(3) 칼이나 송곳처럼 날카로운 물건을 전달할 때는 물건의 손잡이를 잡고 상대방이 손잡이를 잡기 편하게 준다.

(4) 바늘이나 핀같이 작은 물건은 큰 종이나 천에 찔러 보관하고 건넨다.

(5) 잡지나 신문은 고객이 받자마자 곧바로 볼 수 있도록 글씨가 거꾸로 가게 하여 전달한다.

(6) 가슴과 허리선 사이 높이에서 똑바르게 전달한다.

(7) 〈코트입니다〉 등의 적절한 표현과 함께 전달한다.

(8) 밝은 미소를 띤 채 시선은 고객의 눈에서 물품으로, 다시 고객의 눈으로 이동한다.

13) 물품이나 현금을 받는 법

(1) 고객의 정면에서 받는다.

(2) 두 손으로 공손하게 받는다.

(3) 상체를 약간 숙이며 받는다.

(4) 내용물을 확인하고 〈만원 받았습니다〉 등의 말로 다시 한번 확인한다.

(5) 〈감사합니다〉라고 밝게 인사한다.

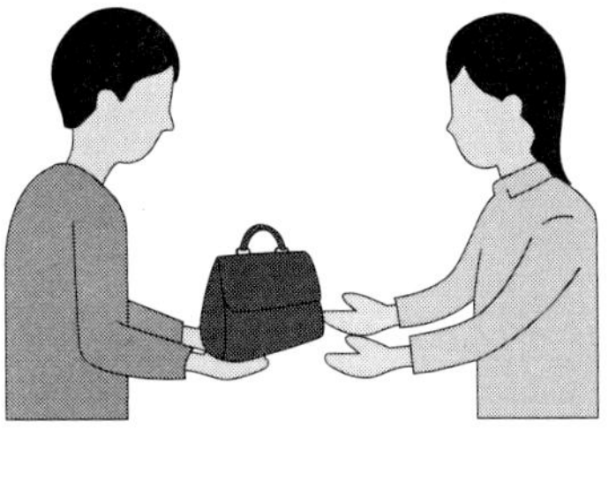

14) 응접실의 정돈과 안내

(1) 정리·정돈은 항상 철저하게 점검한다.

(2) 고객의 오른쪽 2보 앞에서 몸을 고객 쪽으로 약간 비켜선 자세로 안내한다.

(3) 노크를 하고 잠시 사이를 둔 다음 들어간다.

(4) 고객이 상석에 앉도록 권한다.

15) 차 접대 서비스

한 잔의 차는 긴장된 분위기를 풀어 주고 마음을 편안하게 해주는 효과가 있다. 모든 고객에게 차나 음료를 대접한다.

(1) 준비된 차의 종류를 나열하고 고객의 의사를 확인한다. (〈따뜻한 커피와 시원한 주스가 준비되어 있습니다. 무엇을 드시겠습니까?〉)

(2) 인원수에 맞춰 선택한 차의 종류를 잘 체크한다.

(3) 찻잔이 깨끗한지 청결 상태를 점검한다.

(4) 따뜻한 차의 경우 차가운 잔 때문에 차가 식지 않도록 뜨거운 물로 찻잔을 헹구어 따뜻하게 한다.

(5) 차의 종류에 따라 적당한 온도로 차를 끓인다.

(6) 찻잔 높이의 2/3 정도로 분량을 채운다.

(7) 안으로 들어가서는 가볍게 목례를 한 다음 쟁반을 양손으로 가슴 위치까지 치켜들어 사이드 테이블로 나른다.

(8) 양손으로 찻잔을 들고 고객의 테이블 옆에 가서 목례하고 고객의 오른쪽에 찻잔을 놓는다.

(9) 뜨거울 경우 '뜨겁습니다'라고 말한다.

(10) 사이드 테이블이 없으면 왼쪽 팔꿈치를 직각으로 꺾어서 찻잔을 담은 쟁반을 받쳐 들고 서비스한다.

(11) 잔이나 컵은 입이 닿지 않는 부분을 잡는다.

(12) 다시 목례하고 사이드 테이블로 돌아온다.

(13) 빈 쟁반은 몸 옆에 세워서 잡고 나온다.

(14) 문 앞에서 목례하고 나온다.

(15) 사외 상석 고객부터 사내 상석의 순으로 차를 낸다.

(16) 고객이 오래 머무르는 경우 차를 더 마실지 확인한 후 원하는 대로 서비스한다.

2
인사 예절

인사는 상대방에게 호의가 있음을 보여 주는 외적 표현 수단이다. 서로 만나는 과정에서 생기는 불안감을 감소시키거나 상대에 대한 적대감을 해소해주는 기능을 한다. 특히 요즘처럼 바쁘게 돌아가는 상황이나 하루에도 수십 명 이상 많은 사람을 대하면서 살아야 하는 복잡한 사회에서는 간단히 주고받는 인사를 통해서 그 사람을 판단하는 경우가 허다하다. 또한 직장에서도 고객에게 좋은 이미지를 주는 것은 인사로부터 시작되고 또 인사로 마무리된다고 볼 수 있다. 고객이 들어와도 본체만체하는 곳에 들어선 고객은 바로 발길을 돌려 나가거나 다시는 그곳에 돌아오지 않게 된다. 따뜻하고 반가움이 담긴 적절한 인사와 인사말로 나를 만나는 상대방이나 고객에게 신뢰감을 주도록 해야 한다.

1) 인사의 의미

(1) 마음과 마음의 첫 만남, 곧 인간관계의 출발이다

(2) 상대방에 대한 친절, 우애, 존경심을 담고 있다.

(3) 상대방에게 감동을 줄 수 있는 가장 빠르고 쉬운 방법이다.

(4) 일을 시작하기 전 상대방에게 긍정 또는 부정의 인상을 미리 심어준다.

(5) 고객에 대한 서비스 정신의 표현이다.

(6) 자신의 교양과 인격을 외부에 드러낸다.

(7) 상대방뿐만 아니라 자신을 위한 것이기도 하다.

2) 인사의 요령

(1) 내가 먼저 인사하며 상대방으로부터 인사를 받으면 항상 답례한다.

· 상대의 인사를 잘 받는 것은 또 다른 인사이며 자신의 인격 표현이다
· 인사한 사람을 향해 바로 서서 정중한 인사 자세로 답례한다.

(2) 상대방과 눈을 맞추면서 인사한다.

(3) 미소 띤 얼굴로 부드럽고 밝게 인사한다.

(4) 상대방에게 최선을 다하고 있다는 뜻을 전달하는 적극적이고 당당하고 자신감이 넘치는 인사를 한다.

(5) 정확하고 정중한 인사말을 함께 한다. 인사한 상대가 〈잘했구나〉 하는 생각이 들게 하려면 〈네, 안녕하십니까?〉 등의 배려와 관심의 말을 해준다.

(6) 항상 바른 자세로 인사한다. (아주 친한 친구 사이가 아니면 턱이나 눈짓으로 하는 약식인사는 하지 않는다)

(7) 아래 사람이나 접대하는 사람이 먼저 한다.

(8) 때와 장소와 상황에 맞는 인사를 한다.

3) 인사의 종류

(1) 목 례

서로 눈이 마주쳤을 때 말없이 고개를 살짝 숙여서 눈으로 예의를 표하는 인사이다.

· 실내, 통로, 엘리베이터처럼 좁아서 예의를 차리기 곤란한 곳에서
· 양손에 짐을 들고 있거나 차를 접대할 때, 통화 중일 때
· 자주 마주치거나 허물없이 지내는 사이에
· 잘 모르는 사람이나 낯선 어른에게 하는 인사이다.

(2) 약 례

앉은 상태나 일어선 상태에서 등을 바르게 편 채 시선은 3m 정도 앞을 바라보며 상체를 15도 정도 숙여서 하는 약식인사이다.

- 실내, 통로, 엘리베이터처럼 좁아서 예의를 차리기 곤란한 곳에서
- 화장실 같은 비공식적이고 사적인 공간에서
- 상사나 고객을 여러 번 만났을 때
- 아랫사람이나 동료, 자주 보는 사람에게
- 회의나 면담의 시작과 끝에 하는 인사이다.

(3) 보통례

다리를 모은 상태에서 팔은 편안하게 내려 다리 옆에 붙이고 상체를 30도 정도 숙이며 시선은 2m 앞을 바라본다. 일상생활에서 하는 보통 인사, 정식 인사이다.

- 비슷한 연배의 사람과 인사할 때
- 초면인 사이에 인사할 때
- 사회활동 중 만난 사람들과 인사를 나눌 때
- 선배나 직장 상사, 고객을 맞이하고 배웅할 때 하는 인사이다.

(4) 정중례

다리를 모으고 남자의 경우는 손을 양옆에 내려 붙이고, 여자의 경우는 두 손을 모아 아랫배에 살짝 내려놓고 상체를 45도 정도 숙이면서 보통 인사 때보다 약간 길게 한다. 시선은 1.5m 정도 앞을 본다.

- 격식 있고 정중한 인사로 감사를 표해야 할 때
- 사과, 사죄를 표해야 할 때
- 면접을 보거나 공식적인 자리에서 처음 인사할 때
- VIP 고객이나 지위가 높은 사람을 맞이하고 배웅할 때 하는 인사이다.

4) 보통 때 인사

(1) 30보 이내에서 마주칠 때, 6보 앞이 인사하기에 가장 좋은 거리이다.
(2) 하던 자세를 멈추고 정지된 상태를 취한다.
(3) 상대를 향해선 후 상대방을 바라본다.
(4) 등과 가슴을 쭉 펴고 무릎과 다리를 가지런히 모은다.
(5) 발뒤꿈치를 가지런히 모으고 앞은 30도 정도로 벌린다.
(6) 남자의 경우 손은 살짝 주먹을 쥐고 바지 양옆에 가볍게 댄다. (여자의 경우는 오른손이 위로 오도록 양손을 가지런히 모으고 아랫배에 살짝 얹는다.)
(7) 가벼운 미소와 즐거운 표정을 짓는다.
(8) 목과 등은 반듯이 펴고 허리를 구부려 인사한다.
(9) 구부리는 각도에 따라 시선은 1~3m 정도 앞에 둔다.
(10) 약 1초 정도 멈춘 채 인사말을 한다. (〈안녕하십니까?〉)
(11) 숙일 때보다 천천히 상체를 들어 정중함이 전달되도록 한다.
(12) 똑바로 선다. (정중한 인사의 경우 3~4초 정도 걸린다)

5) 보행 중 인사

(1) 고객 앞을 지날 때는 한쪽으로 비켜서서 목례하고 지나간다.
(2) 타인의 앞을 지날 때는 한쪽으로 비켜서서 지나간다.
(3) 고객과 마주쳤을 때는 비켜서서 고객을 먼저 보낸다.
(4) 정중히 인사해야 하는 경우에는 상대를 향해 멈춰 선 후 기본자세를 취하고 인사한다.
(5) 상사와 마주쳤을 때는 3m 이내로 다가가 인사하고 상사가 이동할 때까지 잠시 기다린다.

6) 전화 통화 중 인사

통화에 지장이 없는 범위 내에서 예의를 표한다. 인사말은 할 수 없더라도 웃는 얼굴로 정중히 목례 또는 눈인사를 한다.

7) 업무 중 앉아서 하는 인사

(1) 고개만 움직이는 인사를 삼간다.
(2) 하던 일을 잠시 멈추고 바르게 앉는다.
(3) 목소리 톤을 알맞게 선택하여 인사말을 한다.
(4) 허리 위 상체를 1초 정도 굽힌다.
(5) 1초간 멈춘다.
(6) 굽힐 때보다 천천히 허리를 편다.
(7) 웃는 얼굴로 상대의 심경을 읽는다.

8) 업무 중 일어서서 하는 인사

(1) 의자를 살짝 뒤로 민다.
(2) 웃는 얼굴로 상대를 본다.
(3) 일어서면서 인사말을 한다.
(4) 정중히 허리를 굽힌다. 시선은 2~3m 앞을 본다.

9) 악 수

· 경건한 마음으로 해야 한다.
· 미소 띤 얼굴에 허리는 곧게 펴고 마음에서 우러나는 태도를 취한다.

· 윗사람이나 존경하는 분께 약간 고개를 숙이며 예를 표한다.
· 허리를 굽히는 인사를 하려면 악수를 하고 손을 놓은 후 허리를 굽혀서 인사하고 물러서는 것도 좋다.

(1) 악수를 청하는 경우

· 윗사람이 아랫사람에게 청하는 것이 원칙이다.
· 여성이 남성에게 청한다.
· 선배가 후배에게 청한다.
· 기혼자가 미혼자에게 청한다.
· 상급자가 하급자에게 청한다.

(2) 악수의 종류

· 보통 같은 연배끼리 한 손으로 하는 악수는 오른손으로 허리와 가슴 사이에서 부드럽게 손을 잡고 상대방의 눈과 손을 번갈아 보며 세 번 정도 가볍게 흔든다.
· 상하 간에는 상사가 먼저 청을 하면 오른손을 내밀고 왼손은 오른손 팔꿈치에 가볍게 붙인 상태로 허리를 굽히면서 악수에 응한다. 상사가 손을 세 번 정도 흔든다.
· 의식행사 중에는 상급자가 악수를 청하면 오른손을 가슴높이로 올리고 상급자를 바라보며 악수에 응한다.

(3) 악수하는 법

(1) 상급자, 여성, 연장자가 먼저 청한다.
(2) 바른 자세로 선다.
(3) 상대가 악수를 청할 때 남성은 일어선다. 여성은 앉은 채로 악수를 해도 된다.
(4) 밝고 호의적인 표정으로 상대의 눈을 본다.
(5) 오른손으로 적당히 힘을 주어 잡는다.

(6) 상체를 가볍게 숙이면서 맞잡은 손을 2~3번 정도 가볍게 흔든다.

(7) 손이 더러워서 악수할 수 없는 경우는 양해를 구한 후 손을 닦고 하거나 인사로 대신한다.

(8) 장갑은 벗고 악수를 한다. 그러나 드레스에 낀 팔꿈치까지 오는 긴 장갑은 착용한 채 악수를 한다.

(9) 양손을 잡고 굽신거리거나, 왼손에 장갑을 착용한 채 악수를 청해서는 안 된다. 땀 젖은 손, 불결한 손으로 하는 악수도, 잡은 손을 계속 흔들어 대거나 손끝만 내밀고 하는 악수도 예의가 아니다.

10) 명함 교환

명함은 자기에 대한 소개이므로 상대방과 헤어진 후에는 명함이 자기 자신을 대신한다고 볼 수 있다. 항상 밝은 미소로 〈반갑습니다〉 또는 〈안녕하십니까? 반갑습니다〉라고 인사한 후 명함을 주고받아 좋은 인상이 남도록 한다. 명함은 먼저 소개하는 사람이 제시하며 소개를 받은 사람도 답례로 자신의 명함을 주는 것이 예의이다.

(1) 명함을 주고받는 순서

① 아랫사람이 윗사람에게 먼저 드리고 받는다.

② 남자가 여자에게 먼저 주고받는다.

③ 직원이 고객에게 먼저 주고받는다.

④ 직위가 낮은 사람이 직위가 높은 사람에게 먼저 드린다.

⑤ 연소자가 연장자에게 먼저 드리고 받는다.

(2) 명함을 주고받는 방법

① 얼굴에는 미소를 띤다.

② 반드시 일어선다.

③ · 주는 사람은 상체를 10도 정도 숙이며 〈안녕하십니까? XXX의 OOO입니다〉라고 먼저 인사하고 준다.

·받는 사람은 상체를 10도 정도 숙이며 두 손으로 명함을 받는다.

·동시에 교환할 때는 왼손으로 받고 오른손으로 건넨다.

④ ·주는 사람은 오른손으로 가슴 정도의 위치에서 상대방이 자기의 이름을 바로 볼 수 있도록 명함을 거꾸로 해서 건넨다.

·받는 사람은 가슴 정도의 위치에서 오른손에 명함을 들고 왼손으로 받치며 공손함을 표시한다.

⑤ 받는 사람은 〈XXX의 OOO씨군요〉라고 상대를 확인하면서 명함과 상대를 번갈아 본다. 어려운 한자가 있을 때는 정중히 물어 정확히 확인한다.

⑥ 받은 명함은 허리선 아래로 내리지 않고 바로 윗주머니나 명함 지갑에 넣는다.

⑦ 회의 중에는 테이블 위에 두고 필요할 때마다 명함을 보고 이름을 부른다.

⑧ 상대방과 헤어진 후 명함에 만난 날짜와 장소, 용건 등을 메모해 두면 훗날 기억하고 관리하는 데 유용하다.

11) 소개 매너

소개는 세 사람 이상이 만나고, 그들 가운데 최소한 두 사람이 처음 만나는 자리에서 이루어지는 사교의 한 부분이다. 첫인상을 결정하는 자리이므로, 단정한 복장과 공손한 태도로 임해야 한다.

(1) 소개 순서

① 손아랫사람을 손윗사람에게 먼저 소개하고 손윗사람을 소개한다.
② 남녀가 같이 있을 때는 남성을 여성에게 먼저 소개한다.
③ 나이 차이가 있을 때는 연소자를 연장자에게 먼저 소개한다.
④ 고객과 상사가 같이 있을 때는 상사를 고객에게 먼저 소개한다.
⑤ 고객, 상사, 자신이 서로 초면일 때는 상사를 고객에게 소개한 후 상사가 자신을 소개하길 기다린다.

(2) 소개 방법

① 신발을 신은 상태에서는 소개하는 자리에 있는 사람 모두 일어선다. 여성이 남성을 소개받을 때는 앉아서 받아도 된다.
② 소개자가 먼저 자신의 소속과 직책, 이름 등 필요한 말을 한 후 소개한다.
③ 소개 후 소개자는 가볍게 목례하고 당사자들이 인사하기를 기다린다.
④ 소개받은 사람이 소개된 사람에게 악수를 청하거나 명함을 주거나 밝고 예의 바른 태도로 자신을 소개한다.
⑤ 소개된 사람도 자신의 신분을 분명하고 간략하게 밝힌다.
⑥ 직위나 나이, 성별이 다른 사람들이 섞여 있을 때는 각자가 자신을 소개하는 게 더 나은 방법이다.

12) 상황에 따른 인사말

(1) 출근시

· 안녕하십니까?, 안녕하세요?

(2) 퇴근시

· 먼저 실례하겠습니다. 내일 뵙겠습니다. 안녕히 가십시오.

(3) 근무 중 다시 마주치면 가볍게 목례한다.

(4) 근무 중 타 사무실 상사에게는 일어서서 정중히 인사한다.

(5) 고객을 맞이할 때

· 어서 오십시오. 안녕하십니까? 무엇을 도와 드릴까요? 좋은 아침입니다.

(6) 감사의 마음을 전할 때

· 정말 고맙습니다. 고객님! 찾아 주셔서 감사합니다. 고객님! 이용해 주셔서 감사합니다. 고객님! 감사합니다. 고객님! 또 들려주십시오.

(7) 질문이나 부탁을 할 때

· 죄송합니다만, 고객 카드를 작성해 주시겠습니까? 번거로우시겠지만, 카운터에서 즉시 처리해 드리겠습니다.

(8) 기다리게 할 때

· 잠시만 기다려주시겠습니까? 곧 확인해 드리겠습니다. 고객님! 기다리시게 해서 죄송합니다. 고객님!

(9) 잠시 자리를 뜰 때

· 잠시 실례하겠습니다.

(10) 용무를 마칠 때

· 대단히 감사합니다. 오래 기다리셨습니다. 고맙습니다. 바쁘실 텐데 기다리시게 해서 죄송합니다.

(11) 고객을 배웅할 때

· 대단히 감사합니다. 고객님! 자주 방문해 주십시오. 또 뵙겠습니다. 찾아 주셔서 감사합니다. 안녕히 가십시오.

· 고객님 정말 죄송합니다. 불편을 끼쳐서 죄송하게 되었습니다. 즉시 조치해 드리겠습니다.

13) 미용 서비스 인사말

때와 장소에 맞는 적절한 인사말을 한다. 형식적인 느낌이 아니라 진심으로 환영한다는 느낌이 고객을 행복하게 만들 수 있다.

(1) 안녕하십니까? 어서 오십시오.
반갑습니다.
(2) 오랜만에 오셨습니다.
(3) 요즘 건강은 어떻습니까?
(4) 오늘은 날씨가 좀 춥죠?
(5) 오시는데 불편하진 않으셨습니까?
(6) 무엇을 도와 드릴까요?
(7) 지니신 물품을 받아 드리겠습니다.
(8) 잠시만 기다려주시겠습니까?
(9) 오랫동안 기다리셨습니다.
(10) 이쪽으로 오시겠습니까?
(11) 이쪽에 앉으시겠습니까?
(12) 자리를 안내해 드리겠습니다.
(13) 차 한 잔 드시겠습니까?
(14) 필요한 점 있으시면 언제든 말씀해 주십시오.
(15) 시술받으시면서 불편한 점은 없으셨습니까?
(16) 수고 많으셨습니다.
(17) 감사합니다. 고맙습니다.
(18) 죄송합니다. 실례합니다.
(19) 네, 잘 알겠습니다.
(20) 안녕히 가십시오. 오늘 하루 잘 보내십시오. 행복한 하루 보내세요.

3
언어 예절

언어는 마음속에 간직하고 있는 것을 상대에게 전하는 가장 완벽한 수단이다. 언어는 자기 자신, 곧 자기 마음의 표현이라고 할 수 있다. 사람 사이의 만남은 대화로써 완성되며, 효과적인 대화는 사회생활의 성공을 위한 필수 조건이기도 하다. '옷감은 염색에서, 술은 냄새에서, 꽃은 향기에서, 사람은 말투에서 그 됨됨이를 알 수 있다'라는 독일 속담이 있다. 대화란 알고 있는 단어들을 나열하는 것이 아니라 말솜씨나 언어, 습관 등 후천적 노력에 따라 다듬어 만드는 예술품과 같은 것이라고 할 수 있다. 즉 잘 다듬어진 대화는 나 자신의 수준을 높일 뿐만 아니라 나의 신분, 인격을 상승시키기도 한다. 대화 중의 고객의 감정 상태와 결과에 영향을 미치기도 한다. '말 안 하면 중간이나 가지', '침묵은 금'이라는 말이 있는데, 이는 대화에 있어서 가장 중요한 것이 상황에 어울리는 말을 적절한 표현으로 전달하고, 상대방의 말을 잘 들어줄 수 있는 것도 대화의 좋은 방법이라는 의미일 것이다. 특히 듣기를 70%, 말하기를 30%로 배분하는 것이 프로 미용인의 서비스 법이라고 한다. 어떤 형태의 대화도 고도의 기술이 필요하다. 평소 훌륭한 대화 매너를 익혀둘 필요가 있다.

1) 대화 시 고려사항

(1) 적절한 음성과 말씨

① 맑고 부드러운 목소리로 상대방의 기분을 좋게 한다.

② 음성도 메이크업이 필요하다. 상황에 따라 적당한 속도와 크기로 자신의 의견이나 의지를 효과적으로 전달한다.

③ 끝까지 정확하게 발음하여 말에 대한 자신감과 책임감을 표현한다.

④ 고객과 대화할 때는 정중함을 표현할 수 있는 엄선된 표현을 사용한다. (우리 미용실에서는, 성함, 댁에서는, 말씀드리겠습니다, 원장님께 여쭈어보겠습니다, 지금 따님께서는 메이크업실에 계십니다, 등)

(2) 적절한 화제의 선택

① 대화 후에 허전함이 남거나 시간만 낭비했다는 후회가 남는 화제는 피한다.

② 상대방이나 고객이 관심 있어 하는 화제, 취미, 기호 등에 관심을 표하면 편안히 대화를 시작할 수 있다.

③ 고객이 흥미 있어 하는 미용 정보를 찾아 제공하도록 한다. 알고 있는 정보를 나열하면 곧 지루해지므로 전문지식에 관련된 대화를 고객의 욕구에 맞춰 가면서 이야기한다.

④ 주변 상황이나 전해지는 느낌 등에 신경을 쓰고, 기존 고객의 관심사를 기억하거나 현재 고객의 반응을 살피는 등 감성적인 것을 잘 살피면 화제가 보인다.

⑤ 대중매체 등에 올라온 화제의 기사를 활용한다.

⑥ 직접 체험한 것일수록 설득력 있고 자신감 있게 말할 수 있다.

(3) 바른 태도

① 인격을 존중하고 허물을 감싸주어 상대방을 편안하게 만든다.

② 상대를 이해하고 마음의 문을 열고 겸손한 자세로 대화에 임한다.

③ 진지한 경청 태도는 고객에게 호감을 살 수 있으며, 상대의 대화를 듣는 동안 쉽게 파악할 수 있는 여러 요인이 나타날 수 있어 대응하기 쉽다.

④ 두 사람이 동시에 말을 하려고 한 경우에는 〈미안합니다. 먼저 하세요〉라고 말하면서 양보한다.

⑤ 상대방이 이해하기 쉽게 이야기한다.

⑥ 짧고 간략하게 의도를 분명하게 전달한다.

⑦ 다양한 언어로 꾸미기보다는 진실성을 느낄 수 있도록 한다.

2) 바른 듣기 자세

(1) 상대의 소리를 귀로만 듣는 것이 아니라, 온 마음과 몸으로 듣는다.
소리만 듣는 것이 아니라 상대의 기분까지도 듣는다.

(2) 편견이나 선입견을 없애고 객관적 입장에서 듣는다.

(3) 상대의 이야기에 흥미와 성의를 가지고 들어주어 상대의 마음을 편하게 해준다.

(4) 상대가 말하고자 하는 전체적 의미를 이해하려고 노력한다.

(5) 몸은 정면을 향해 조금 앞으로 내밀듯이 앉는다.

(6) 상대를 정면으로 보고 시선을 자주 마주치면서 경청한다.

(7) 머리를 끄덕끄덕하거나 메모하는 적극적 경청 태도를 보인다.

(8) 가끔 맞장구를 치거나, 질문을 섞어가면서 모르면 물어보고, 복창해 주면서 듣는다.

(9) 다른 행동을 하면서 듣거나, 눈을 쳐다보지 않고 무관심하게 듣지 않는다.

(10) 팔짱을 끼고 듣거나 손장난을 하지 않는다.

(11) 손이나 다리를 꼬지 않는다.

(12) 말끝이나 단어를 트집 잡고 늘어지지 않는다.

(13) 상대의 말을 중간에 가로채거나 무시하지 않고 말하고자 하는 의도가 파악될 때까지 인내한다.

(14) 업무상 대화할 때는 상대의 말이 끝나면 내가 이해한 바를 상대방에게 말해주어 피드백을 준다.

3) 상황에 따른 적절한 맞장구 표현법

(1) 동의하는 맞장구

· 과연! 정말 그렇겠군요. 예! 그렇고말고요. 말씀하신 대로입니다. 등

(2) 몸으로 하는 맞장구

· 고개를 끄덕인다. 눈으로 이해한다는 표현을 한다. 고개를 갸우뚱한다. 등

(3) 정리하는 맞장구

· 말하자면 이런 것 아닙니까? ~에 대해 궁금하시단 말씀이지요? 그 말씀은 이렇게 생각하신다는 거지요? 등

(4) 재촉하는 맞장구

· 그래서 어떻게 됐습니까? 그건 그렇다 치고 xxx는 어떻습니까? 등

(5) 놀람을 나타내는 맞장구

· 설마!!! 오! 그렇군요!! 등

4) 바르게 말하기

(1) 상대가 누구인지, 무엇을 위해 말하는지 확실히 알고 말한다.

(2) 여유를 가지고 말한다.

(3) 공손하고 예의 바른 말씨로 품위 있게 말한다.

(4) 이해하기 쉽게 말한다.

(5) 가능하면 간결하게 말한다.

(6) 자신에 찬 어조로 발음은 정확하게 말한다.

(7) 목소리는 한 톤 올려서 맑은 목소리로 경쾌하게 말한다.

(8) 상황에 맞는 적당한 속도로 말한다.

(9) 상대방의 눈을 부드럽게 주시하면서 말한다.

· 밝은 눈과 표정을 지으며 말한다.

· 온화한 표정으로 자연스럽게 이야기한다.

(10) 등을 펴고 똑바른 자세로 말한다.

(11) 간혹 제스처를 쓰면서 자연스럽게 말한다.

(12) 상황에 맞는 적절한 표현을 사용한다.

(13) 고객에게는 높임말을 사용한다.

(14) 혼자만 이야기하지 않는다.

(15) 장사꾼처럼 이야기하지 않는다.

(16) 험담이나 자기 자랑, 거짓말, 프라이버시 침해 등의 대화는 삼간다.

(17) 반말, 속어, 은어, 줄임말 등을 써서 고객의 기분을 상하지 않도록 주의한다.

(18) 꼭 필요한 경우가 아니면 외래어나 전문 용어의 사용은 피한다.

(19) 듣는 이의 입장을 중요시하며 듣는 이에 대한 감사의 마음을 표현한다.

5) 고객을 불쾌하게 하는 말

(1) 반 토막말

(2) 비꼬는 말

(3) 명령형의 말투(~하세요)

(4) 거절하는 말(그건 안 됩니다)

(5) 자신 없어 하는 말(잘 모르겠습니다. 글쎄요~)

(6) 귀에 거슬리는 말버릇(에~, 저~)

(7) 기운 없는 말

(8) 너무 큰 목소리

(9) 직장 내의 규칙이나 규정을 지나치게 강조하는 말

6) 친절 서비스 언어법

(1) 존댓말(존경어)을 사용한다.

· 존댓말은 상대방을 높은 위치에 두고 경의를 표현할 때 사용하는 언어이다.
〈이름이 어떻게 되세요? → 고객님의 함자를 알려주시겠습니까?〉

(2) 겸양어를 사용한다.

· 겸양어는 자기를 낮추어 상대에게 높여 경의를 나타내는 경우에 사용하는 언어이다.
〈나는 숏커트가 고객님께 더 잘 어울린다고 생각해요.〉 → 〈저는 숏커트가 고객님께 더 잘 어울린다고 생각합니다.〉

> **■ 신뢰 화법**
>
> 다까체(~입니다. ~입니까?)로 말끝을 맺으면 정중한 느낌을 주고, 요조체(~예요. ~죠?)로 말끝을 맺으면 부드러운 느낌이 든다. 정중한 느낌 70%에 부드러운 느낌을 30% 정도 섞어 쓰는 게 바람직하며, 신뢰감을 준다 해서 신뢰 화법이라 한다.

(3) 부정형은 우회적 긍정형으로 바꾸어 말한다.

· 같은 말이라도 고객의 말을 받은 다음 자신의 의견을 제안하거나 부드럽게 우회적으로 표현하면 거절이나 부정에 대한 반감을 줄일 수 있다.
〈고객님께는 숏커트가 안 어울려요. → 숏커트도 괜찮을 것 같지만, 긴 머리도 고객님께 잘 어울릴 것 같습니다〉, 〈지금 당장은 안 되는데요. → 지금은 곤란하지만, 차 한잔하시면서 기다리시면 빨리 해 드리겠습니다.〉

(4) 명령형은 의뢰형으로 바꾸어 말한다.

· 명령조의 언어는 듣는 상대에게 불쾌감을 줄 수 있다. 당연히 그렇게 해야 함에도 고객의 의향에 따라 결정할 수 있다는 어조로 의뢰를 한다면 고객은 기분 좋은 상태로 서비스를 받게 된다.
〈이쪽으로 앉으세요. → 이쪽으로 앉아 주시겠습니까?〉, 〈지니신 물건은 이리 주십시오. → 지니신 물건은 이리 주시겠습니까?〉

(5) 마이너스 화법은 플러스 화법으로 바꾸어 말한다.

〈원장님께서는 평소엔 인상이 좋으신 데 말이 없으실 땐 화난 분 같아. → 원장님께서는 말없이 계시면 화난 것 같으신데, 대화해보면 정말 좋은 분이셔.〉

(6) 쿠션 언어를 사용한다.

· 완충 효과(쿠션)를 발휘하는 표현 뒤에 긍정형, 의뢰형 표현을 연결하여 상대방의 기분이 나빠지는 것을 최소화하는 방식을 쿠션 화법이라 한다.
〈~번거로우시겠지만 ~, ~죄송합니다만 ~, 양해해주시면 ~, 미안합니다만 ~, 공교롭게도 ~, 괜찮으시다면 ~〉

(7) I-메시지를 활용한다.

· 주어를 '나(I)'로 하는 표현법이다. 상대방의 행동이 원인이 되어 내가 어떤 상태에 처해있다고 표현하여 상대방이 불쾌감을 덜 느끼면서 자기 행동에 대해 생각하게 만드는 방식이다.
〈넌 왜 매번 약속을 안 지키냐? → 네가 약속을 안 지킬 때마다 무슨 일이 있나 걱정이 되네!〉

(8) 맞장구를 친다.

· 흥을 돋우고 관심을 드러내기 위해 상대방의 말을 귀담아들어 주고 맞장구쳐주는 표현법이다.
〈그렇군요. 정말 그렇겠구나! 저런 ~, 방금 한 말씀은 ~ 거지요? 그래서 어떻게 되었어요?〉

<경어와 겸양어>

일반어	경어(서비스어)	겸양어
나		저
우리		저희
실장은…	실장님께서는…	저희 실장은…
너	고객님, 선생님	
누구	어느 분	
여자	여자분, 사모님, 부인	
남자	남자분, 선생님	
이름	존함, 함자	
집	댁	
한다	하십니다	합니다
먹는다	드십니다, 잡수십니다	먹습니다
간다	가십니다	갑니다
만나다	만나십니다	만납니다
알고 있다	알고 계십니다	알고 있습니다
있다	계십니다	있습니다

<접객 표현법>

바람직하지 않은 접객언어	바람직한 접객언어
지금 상담 중이신데요!	상담 중이라 바로 나오시기가 어렵습니다만, 이쪽에 앉아 잠시만 기다려주시겠습니까?
이쪽으로 앉으세요.	죄송합니다만, 이쪽으로 앉아주시겠습니까?
지금 당장 못 가는데요	지금 바로 찾아뵙기는 어렵습니다만, 2시 이후에는 괜찮습니다.
아직 다 못했는데요!	~ 이유로 다 끝내지 못했습니다만, 가능한 한 빨리 끝내겠습니다.
지금 없는데요! 곧 연락하라고 하겠습니다.	죄송합니다만, 지금 자리를 비웠습니다. 급히 찾아 연락드리도록 하겠습니다.
제 담당이 아닙니다.	그 파트는 제가 담당자가 아니라 잘 모르겠습니다만, 실장님과 말씀해 보시겠습니까?
손님은 피부는 하야신데 잡티가 좀 있으시네요.	손님께서는 얼굴에 잡티가 좀 있는 편이시지만, 남들이 부러워할 정도로 하얀 피부를 가지셨군요.
빨간 립스틱은 손님에게 어울리지 않네요.	네~, 빨간색을 좋아하시나 봐요. 그런데 손님 얼굴색에는 오렌지색 립스틱도 젊어 보이실 것 같습니다.
대기하고 계신 손님이 두 분 더 계셔서 한 30분 정도 기다리셔야 하는데 괜찮으시겠습니까?	대기하고 계신 손님이 두 분 더 계십니다. 한 30분 정도 걸릴 것 같지만, 최대한 빨리 진행해 보도록 하겠습니다. 따뜻한 차 한잔하시면서 기다려주시겠습니까?
이 제품은 다 좋은데 값이 너무 비쌉니다.	이 제품은 좀 비싸긴 하지만 질도 좋고 양도 많은 편이라 제값을 하는 것 같습니다.

7) 고객의 불만에 대처하는 언어 서비스

(1) 경청하는 동안 원인을 파악한다.

(2) 불만이 커지지 않도록 신속하게 응대하고 정중하게 맞장구를 치면서 성실한 태도로 임한다. (〈아! 그렇습니까?, 네 당연하신 생각이십니다〉, 〈네~ 그러셨군요!〉, 〈어머! 속상하셨겠군요!〉, 〈얼마나 불안하셨습니까?〉 등)

(3) 반론을 제기하지 않고 참을성 있게 끝까지 경청한다. 고객의 착각에서 오는 부당한 오해라도 중간에 변명하거나 고객의 잘못을 지적하지 않는다.

(4) 되도록 고객의 의사를 존중하는 방향으로 결정한다.

(5) 해결 과정 중 나 자신의 감정을 고집하거나 내 입장에서 생각하려고 하지 않는다.

(6) 본인이 실수했을 경우 솔직하게 진심으로 사과한다. (〈대단히 죄송합니다〉)

(7) 자기 잘못이라고 인정될 때 일단 사과 후 사후 처리는 본인 혼자 결정하지 않고 여지를 남겨 둔다. (〈대단히 죄송합니다. 매니저님과 상의 후 확실한 답변을 드리겠습니다〉)

(8) 본인이 해결하지 못할 사항은 상사나 주변 동료의 도움을 받는다.

(9) 처리 후 문제점 등을 기록하여 고객 서비스 향상을 위한 자료로 활용한다.

4
전화 예절

전화를 걸고 받을 때의 올바른 사용법은 정확, 정성, 간결이다. 벨이 울리면 신속하게 받고, 내용은 간단명료하게, 표현은 정중하게, 발음은 명쾌하고 정확하게 한다. 상대방의 얼굴이 보이지 않으므로 더욱 그 태도는 정성과 예의를 갖추어야 한다. 전화하는 그 순간 나 개인이라기보다는 내 직장을 대표하는 대표자가 된다는 것을 명심해야 한다. 전화상의 바람직한 목소리는 부드럽고, 목소리 톤의 변화가 있어 지루하지 않으며, 정확한 발음에 미소를 담은 친절한 목소리이다. 전화기 옆에는 항상 메모지와 펜을 준비하여 통화 도중 허둥대거나 상대를 기다리게 하지 않도록 한다.

1) 전화 받는 법

(1) 벨이 울리면 목소리를 가다듬는다.

(2) 벨이 3번 이상 울리기 전에 왼손으로 받고, 오른손은 메모 준비를 한다. 벨이 세 번 이상 울린 후 받았을 때는 〈늦게 받아서 죄송합니다〉라고 먼저 미안함을 표시한다.

(3) 수화기는 입에서 5cm 정도 뗀다.

(4) 인사말과 함께 소속, 성명을 명확히 밝힌다. (〈감사합니다, XXX 미용실, ○ ○○입니다. 무엇을 도와드릴까요?〉로 이름을 끊어서 정확히 천천히 발음한다.

(5) 상대를 정중하게 확인한다. (〈죄송합니다만, 어디입니까?〉)

(6) 메모하면서 응대하며 중요한 사항은 복창하여 확인한다. (〈네, ○○○의 XXX 지점이란 말씀이시죠. 감사합니다〉)

(7) 타인에게 걸려 온 전화는 양해를 구하고 전화를 돌린다. (〈잠시만 기다려 주시겠습니까? 곧 연결해 드리겠습니다〉)

(8) 정중하게 끝맺음 인사를 한다. (〈감사합니다〉, 〈감사합니다. 좋은 하루 보내십시오.〉)

(9) 상대가 끊은 것을 확인하고, 3초 후에 수화기를 살며시 내려놓는다.

(10) 전달 사항은 메모지에 정리해서 전달받아야 할 사람의 자리에 갖다 놓는다.

2) 전화 거는 법

(1) 상대방의 상황을 잠시 머릿속으로 생각한다.

(2) 필요한 용건과 말할 순서를 메모하고 필요한 서류를 옆에 준비한다.

(3) 전화번호와 성명을 확인한다.

(4) 왼손으로 수화기를 들고 오른손으로 정확히 누른다.

(5) 상대가 응답하면 자신을 밝힌 후 상대를 확인한다. (〈안녕하십니까? 저는 OO 네일살롱 XXX입니다. 죄송합니다만, XXX님 계십니까? 또는 XXX 좀 부탁드립니다〉)

(6) 정중하게 용건을 말한다. (〈다름이 아니라 XXX 건으로 전화를 드렸습니다〉)

(7) 결론이나 약속 등을 다시 확인한다.

(8) 정중하게 끝맺음 인사를 한다. (〈감사합니다. 좋은 하루 되십시오〉)

(9) 상대가 끊은 것을 확인한 후 3초 후에 수화기를 살며시 내려놓는다.

상대가 고객이거나 윗사람인 경우엔 상대가 먼저 끊도록 하고, 동료일 경우엔 전화 건 사람이 먼저 끊도록 상황에 맞춰 끊는다.

3) 상황별 전화응대 법

상 황	적절한 전화 표현
상대방을 확인할 때	· 실례지만, 어느 분이십니까? · 실례합니다만, 존함이 어떻게 되십니까? · 실례합니다. 000 님 되십니까?
잘 못 알아들었을 때	· 죄송합니다. 다시 한번 말씀해 주시겠습니까?

사과를 해야 할 때	· 죄송합니다. 뭐라고 드릴 말씀이 없습니다.
찾는 사람이 부재중일 때 (전화를 건 상황)	· 몇 시쯤 돌아오실까요? 그러면 ○시쯤 다시 전화를 드리겠습니다. · 돌아오시면 ○○○로 전화해 주시도록 전해 주 십시오. · ○○○로부터 전화가 왔었다고 전해 주십시오.
찾는 사람이 전화를 받지 못할 때 (전화를 받는 상황)	· 죄송합니다만, ○○○ 님은 지금 통화 중입니다. 제가 대신해서 받아둘까요? · 죄송합니다만, ○○○ 님은 지금 통화 중입니다. 잠시 기다려 주십시오. · 죄송합니다만, ○○○ 님은 지금 통화 중인데, 통화가 길어질 것 같습니다. 연락처를 주시 면 통화가 끝나는 대로 연락을 드리도록 하 겠습니다. · 실례지만, 누구시라고 전해 드릴까요?
전화상 오래 기다리게 할 때	(일단 기다리라고 했으나 너무 오랜 시간이 지 날 때는 계속 기다리도록 두지 않고 다시 한번 양해를 구한다.) · 대단히 죄송합니다. 조금만 더 기다려주시 겠습니까? · 대단히 죄송합니다. 통화가 길어지시는 것 같습니다. 연락처를 주시면 통화가 끝나는 대로 바로 연락드리도록 하겠습니다.
전화 내용을 전해줄 때	· (용건을 메모하고) 잘 알겠습니다. ○○○에게 전해 드리겠습니다. (메모지는 즉시 ○○○의 자리에 갖다 놓는다.) · (메모지 작성 : 언제, 어디의, 누구로부터, 무슨 용건으로, 회답의 필요 여부, 회답은 어디의 누구에게 등을 메모하고 메모를 전하는 사람의 성명을 기록한다)
타 부서나 타인의 업무인 경우	· 죄송합니다만 잠시 기다려주시겠습니까? 잠시 확인해 보겠습니다. · 그 부분은 해당 부서의 안내가 필요한 것 같습 니다. ○○○에게 연결해 드리겠습니다. ○○○팀은 XXX번입니다. · 죄송합니다만, 문의하신 내용은 직접 확인하시는 것이 좋을 것 같습니다. 잠시만 기다려 주십시오. (전화를 바꿔주면서) ○○○의 XXX님으로부터 전화 입니다.

부록

미용샵의 서비스 절차

부록
미용샵의 서비스 절차

1) 피부관리실 상담 서비스

피부관리실의 경우 10회 관리를 한 주기로 하는 경우가 대부분이다. 이때 고가의 관리비를 한꺼번에 지불해야 하므로 고객의 신뢰가 무엇보다 중요하다. 고객의 신뢰를 얻기 위해서는 테크닉도 중요하지만, 상담이 80% 이상을 차지할 정도로 비중이 크다. 상담을 위한 서비스 절차를 살펴보자.

(1) 처음 방문하는 고객의 경우

· 반갑게 웃으며 고객을 맞이한다.
· 둘만의 공간에서 상담한다.
① 관리실 방문이 처음인지?
② 피부과에는 다녀본 경험이 있는지?
③ 화장품 사용 후 부작용은 없는지?
④ 가족 병력이 있는지? (고혈압, 당뇨 등)
⑤ 생리 주기는 정확한지?
⑥ 세안은 어떻게 하는지? (비누 세안, 폼 클린싱, 더블 크린싱 등 확인)
⑦ 식사는 어떻게 하는지? (육류, 채소류, 생선류, 폭식, 군것질 등 확인)
⑧ 사용하는 제품은 어느 회사 어떤 제품인지?
⑨ 기혼, 미혼, 기혼이면 자녀는 몇이나 뒀는지?
⑩ 평소에 자주 아픈 곳이 어디인지? (내과계, 신경계, 이비인후과, 산부인과 등 확인)
⑪ 비만 여부 확인

⑫ 시술에 들어간다.

마지막으로 최종소견을 정리, 기록하여 보관한다. 고객이 올 때마다 참고하여 그 고객에게 맞는 맞춤형 서비스관리를 위해 기억하고, 고객에게 만족감과 신뢰감을 주도록 한다. 기혼 여성의 경우 배우자나 부모님, 자녀들을 우선 챙기다 보면 정작 본인의 관리는 소홀하기 마련인데 피부 관리실에서 포근하게 피부의 작은 것까지 기억하고 신경을 써주면 만족도는 매우 높아진다.

(2) 두 번째 방문의 경우

① 두 번째 방문부터는 원장이나 실장이 먼저 〈지난번에 어깨 아프신 것은 괜찮으신가요?〉 등 상담 카드를 보고 적절한 인사와 안부를 묻는다. 혹은 〈식사는 개선해 보려고 시도해 보셨습니까?〉 등 사소한 것을 기억해 두었다가 먼저 챙겨준다.

② 첫 번째 관리와 비교 분석하여 약간씩 차별화된 관리에 들어갈 것임을 간단하게 설명한 후에 시술에 들어간다.

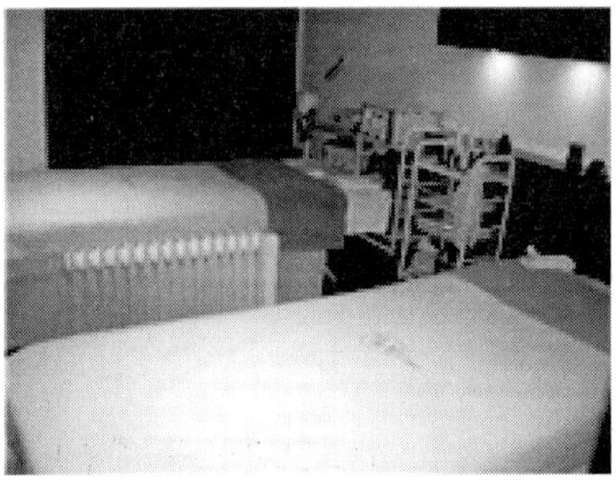

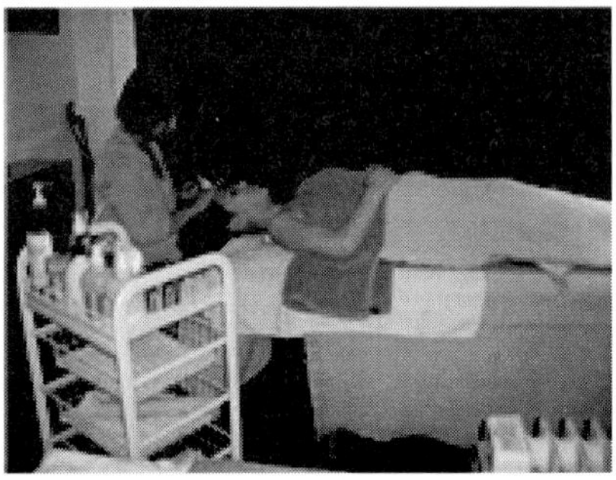

2) 메이크업실 서비스

대부분의 메이크업실은 한 번에 고객이 많이 몰리지 않고 예약한 한 명의 고객만 서비스받는 경우가 많다. 조용하고 세련된 안내와 시술로 편안하고 고급스러운 분위기를 느끼게 하는 것이 좋다.

(1) 주차요원이 있는 샵의 경우 주차요원이 발레 파킹을 해주고 안내 데스크까지 안내한다.

(2) 안내 데스크 직원이 메이크업실에 인터폰으로 신속하게 고객의 방문을 알려준다. (메이크업실은 토탈 샵에 같이 있는 경우가 많으므로 안내 데스크와 다른 층에 있는 경우가 많다.)

(3 스탭이 고객을 맞으며 고객의 핸드백과 상의를 받아 걸고 메이크업 가운을 입혀준다. 옷장 열쇠는 고객에게 전달해 준다. 고객이 열쇠 소지를 부담스러워하면 메이크업실 내 귀중품을 넣어두는 비밀 금고에 넣었다가 고객이 나갈 때 내어 준다. 스탭이 처음부터 끝까지 기억하고 있다가 마지막까지 책임을 다한다.

(4) 메이크업 상담실로 안내한다.

(5) 상담실에서 차를 대접한다. 고객의 편의를 도모하기 위해 준비된 차를 먼저 말씀드려 고객이 선택할 수 있도록 배려한다. 보유하고 있지 않은 차를 주문할 수 있으니 먼저 말씀드리는 것이 예의이다.

(6) 원장 또는 실장이 완벽한 정장을 갖추고 자료를 준비하여 상담한다. 다양한 정보와 자료를 설명하고 고객이 이해할 때까지 충분히 상담한다.

① 메이크업 서비스를 다른 곳에서 받은 적이 있는지?

② 좋아하는 스타일이 있는지?

③ 평소에 하고 싶은 칼라가 있는지?

④ 싫어하는 색상이 있는지?

⑤ 본인이 생각하는 콤플렉스는 어디인지? (피부 상태, 여드름, 기미, 주근깨, 큰 얼굴, 얼굴에 볼륨이 없다, 콧대가 낮다, 눈이 작다 등)

⑥ 가장 중점을 두어서 메이크업을 받고 싶은 곳은 어디인지? (눈화장, 투명한 피부화장 등)

⑦ 스크랩을 보여 주며 상담한다. (연예인 스타일, 신부 화장한 모델, 각종 프로필 사진 등)

(7) 상담을 끝내고 원장이 지시하면 메이크업실 의자로 안내한다.
(8) 원장의 지시하에 메이크업을 시술한다.
(9) 시술이 끝난 후 헤어실로 안내하여 헤어 디자이너에게 메이크업 컨셉을 간단히 설명한 후에 헤어스타일을 정리한다.
(10) 핸드백과 상의를 내어 드린다.
(11) 카운터로 안내하고 계산이 끝날 때까지 조금 떨어진 곳에서 대기한다.
(12) 고객이 계산하는 동안 주차요원에게 요청하여 차를 대기시킨다.
(13) 스탭이 고객을 안내하여 차에 오를 수 있도록 하고 감사의 인사를 하며 배웅한다.

3) 미용실(헤어실) 서비스

요즘은 헤어실에서도 예약제를 운용한다. 오래 기다려야 하는 불편을 줄이고 담당 디자이너와의 지속적인 맞춤 서비스를 하기 편리하기 때문이다. 고객이 예약하지 않고 온 경우 디자이너가 부재중이거나 휴무일 경우에도 불편함이 없도록 고객이 원하는 스타일을 상세하게 듣고 다른 디자이너를 추천하거나 다른 서비스를 추가하여 모두가 고객을 성심껏 모신다는 인식을 시키고 최선을 다하여 서비스한다. 이러한 이유로 전체 헤어 디자이너들의 시스템화 작업이 필요하다.

(1) 주차요원이 있는 경우 주차요원이 발레 파킹을 하고 안내 데스크까지 안내한다.
(2) 안내 데스크 직원이 헤어실에 인터폰으로 신속하게 고객의 방문을 알리면, 담당 디자이너의 스텝이 나와 고객을 헤어실로 안내한다.
(3) 담당 스탭이 핸드백과 상의를 받아서 사물함에 보관한다.
(4) 고객을 상담실로 안내하여 디자이너 선생님과 상담이 이루어질 수 있도록 서

브한다.

(5) 상담실에서 차를 대접한다. 고객의 편의를 도모하기 위해 준비된 차를 먼저 말씀드려 고객이 선택할 수 있도록 배려한다. 보유하지 않은 차를 주문할 수 있으니 먼저 말씀드리는 것이 매너이다.

(6) 상담이 끝난 후 고객 대기실이나 휴게실로 안내한다.
대부분의 헤어살롱에는 고객이 많으므로 대기 공간이 따로 준비된 경우가 많다. 대기실에는 컴퓨터나 전화를 이용할 수 있는 문화 공간, 친구와 함께 왔을 때 담소를 나눌 수 있는 음료 공간 등이 준비되어 있다.

(7) 차례가 오면 디자이너 선생님께 시술할 수 있도록 안내한다.

(8) 디자이너의 지시에 따라 샴푸 또는 트리트먼트를 한다.

(9) 원하는 헤어스타일의 서비스가 진행되는 동안 헤어실의 문화 공간을 활용할 수 있도록 안내한다. 펌이나 염색 등 기다리는 시간이 있을 때 지루한 시간을 갤러리 공간, 취미 공간 등에서 보낼 수 있도록 안내한다.

(10) 갤러리 공간의 경우 작품을 쉽고 재미있게 이해할 수 있도록 전문가가 설명을 도와준다.

(11) 시술을 마무리할 수 있도록 디자이너에게 안내한다.

(12) 시술이 끝난 후 고객의 상의와 소지품을 고객에게 전달한다.

(13) 고객이 계산을 할 수 있도록 안내한다. 고객이 계산할 때는 부담스럽지 않도록 조금 떨어진 곳에서 대기한다.

(14) 고객이 계산하는 동안 주차요원에게 연락하여 차량을 대기시킨다.

(15) 스탭은 고객을 안내하여 차에 오를 수 있도록 하고 감사의 인사를 하며 배웅한다.

참고문헌

서비스학개론, 조영대, 현학사, 2003.
현대사회와 서비스, 김용상, 대왕사, 2002.
미용경영의 이해, 김영순 한정아, 훈민사, 2006.
서비스 운영관리, 원석희, 형설출판사, 1997.
서비스 마케팅, 이상환 이재철, 삼영사 1998.
호텔 서비스실무 매뉴얼, 김영준 김필라, 대왕사 2005.
고객감동 서비스 행동훈련, 한국생산성본부 산업교육부.
뷰티살롱 고객만족 서비스, 김종근 편저, 리그라인 1998.
미용경영학, 배영수 외 5인 공저, 광문각 2005.
미용경영과 인간관계론, 이상현 편저, 세종출판사 2002.
디지털 경영시대의 미용경영학, 김선옥 외 3인 공저, 수문사 2001.
미용과 경영, 정훈, 예림 2002.
성공하는 미용인의 습관, 김옥수, 청구문화사 1998.
고객만족 경영전략 101, 여춘돈, 계몽사, 1996.
성공하는 고객만족 40, 임동학, 책과길 1995.
소비자행동, 이학식 안광호 하영원, 법문사, 1996.
서비스만이 살 길이다, 송원길, 좋은 사람들, 1999.
매너학, 채용식 박재완 주영환, 학문사, 2001.
이미지메이킹, 김선형 외 7인, 청구문화사, 2006.
이미지메이킹, 이성옥 외 3인, 수문사, 2002.
전략이 있는 성공면접, 하세용, 양서원, 1997.
취업준비 어떻게 할 것인가?, 정상훈, 학예원, 1997.
취업돌파 소프트, 양서편집기획실 편, 양서원, 1997.
미용경영학, 정훈, 청구문화사, 2016
병원코디네이터, 김영주 외 9인, 메디시언, 2020
병원코디네이터, 최영진, 청구문화사, 2012
뷰티매니저, (사)한국미용장협회, 청구문화사, 2018
뷰티서비스 고객관리와 경영관리, 곽진만 외 11인, 성안당, 2018
서비스경영자격 SMAT: 비즈니스커뮤니케이션, 한국생산성본부, 김화연 편저, 박문각, 2019
한국표준산업분류 조회(2022.02), 국세청
한국표준직업분류(2022.02), 통계분류포탈, 통계청

- 저 자 -

이숙연(충청대학교 미용예술과)
원윤경(충청대학교 의료미용과)

미용인을 위한 고객 서비스

2022년 02월 20일 초판 인쇄
2022년 02월 25일 초판 발행

지은이 : 이숙연, 원윤경
펴낸이 : 이상태
펴낸곳 : 청구문화사
(03706)서울특별시 서대문구 성산로 11길 15
전 화 : 02-332-0541(代) FAX : 02-337-9577
등 록 : 1990년 11월 2일 제9-247호

가격 20,000원

ISBN 978-89-5616-882-1 93590